PRECALCULUS

대 학 기 초 수 학

길병문 지음

KYOWOOSA 教友社

머리말

〈수학〉을 공부해서 어디에 쓰느냐? 는 질문을 많이 받고는 한다. 그만큼 〈수학〉공부가 쉽지 않으니, 피해갔으면 하는 의미도 있을 성 싶다. 그 물음에 대해 필자는 이렇게 답하곤 한다. "〈수학〉은 마치 양념, 간장과 같은 것이다."

우리 음식 중에는 간장이 안 들어가는 요리가 거의 없다. 그 간장은 없어도 될 것처럼 크게 대접 받지도 못하지만 그게 없으면 요리가 되질 않는다. 바로 그런 게 〈수학〉이다.

여러 분야에서 〈수학〉이라는 도구가 없이는 어떤 현상을 표현할 수 없다. 〈수학〉을 공부하고 훈련하는 과정에서 습득되는 논리성 계발도 매우 필요한 요소가 아닐 수 없다. 그래서 말과 더불어 수에 대한 공부를 유아기부터 하게 되는 것이다.

그렇지만 막상 공부를 하는 학생들에게는 〈수학〉이 참 쉽지 않게 느껴지는 것도 사실이다. 무엇이든 익숙하게 하기 위해서는 그 기본이 되는 것부터 잘 이해를 한 후에 많은 연습을 해서 그 게 아주 몸에 익어야 그렇게 되는 것이다. 〈수학〉 공부도 예외가 아니다.

이 책에서는 〈수학〉의 여러 주제 가운데에서 몇 가지를 추려서 다루었다. 이 공부를 통해서 〈수학〉공부에 자신감을 갖게 되길 바라고 이를 계기로 더 큰 발전을 이루는 전환점이 되기를 바란다. 그런 의미에서 쉬운 주제로부터 시작하기로 하였고, 공부하는 학생들의 지루함을 덜어 주기위해 다양한 이야기들로 구성하였다.

가르치는 분들을 위해 한마디 덧붙인다면, 이 책은 한 학기 주 두 시간 정도의 강의용 교재를 염두에 두었다는 점이다.

2012년 3월

저자

차 례

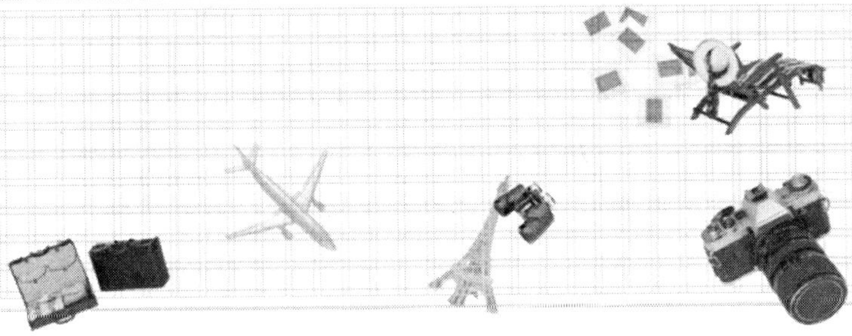

1장 자주 틀리는 일차방정식 · 부등식 1

1.1 절대값 기호가 있는 일차방정식 · 부등식 / 1

1.2 농도 문제 그리고 문장제 / 5

2장 이차방정식 · 부등식 9

2.1 이차방정식 / 9

2.2 이차부등식 / 15

3장 삼 · 사차방정식 21

4장 행렬과 행렬식을 이용한 연립방정식 풀이 35

5장 정수의 합동과 그 응용 53

6장 여러가지 함수(삼각함수 · 지수함수 · 로그함수) 73
6.1 삼각함수 / 73
6.2 지수함수와 로그함수 / 93

7장 미분의 이해 107
7.1 평균변화율과 변화율 / 107
7.2 도함수 / 113
7.3 미분법 / 120
7.4 부정형과 로피탈의 법칙 / 126

8장 확률과 통계 133
8.1 순열과 조합 / 133
8.2 확률 / 141
8.3 평균과 표준편차 / 151
8.4 확률변수(이산확률변수)와 확률분포 / 158
8.5 연속확률변수와 확률분포 / 172
8.6 통계적 추측/ 185

■ 부록 197
■ 연습문제 풀이 201
■ 찾아보기 229

CHAPTER 01

자주 틀리는 일차방정식 · 부등식

1.1 절대값 기호가 있는 일차방정식 · 부등식

절대값 기호 안에 미지수가 있는 항을 처리할 때는

$$|a| = \begin{cases} a, & a \geq 0 \\ -a, & a < 0 \end{cases}$$

임을 이용하여 절대값 기호를 없앤 후 풀이 한다.

$$|x-a| + |x-b| = k, \ (a < b)$$

꼴의 식은 다음과 같이 구간을 나누어 계산한다

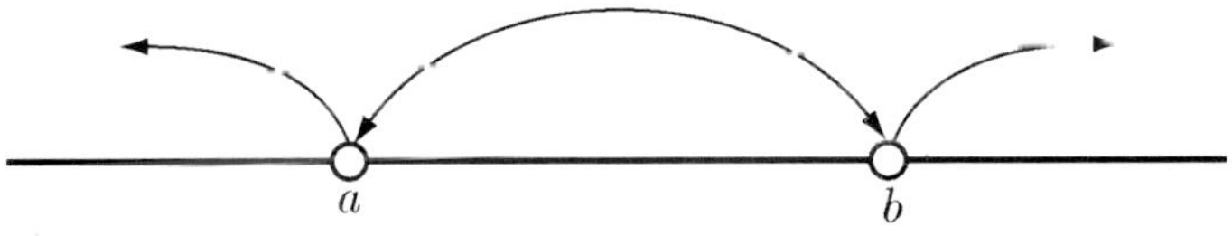

그림 1.1

- $x < a$ 일 때, $|x-a| = -(x-a)$, $|x-b| = -(x-b)$
- $a \leq x < b$ 일 때, $|x-a| = x-a$, $|x-b| = -(x-b)$
- $b \leq x$ 일 때, $|x-a| = x-a$, $|x-b| = x-b$

절대값 기호가 있는 항은 절대값 기호 안에 있는 식이 0이 되는 값을 경계로 하여 부호가 변하므로 절대값 기호 안의 식이 0이 되는 값을 경계로 구간을 나누어 푼다. 이 때 구한 해가 각각의 범위에 맞는지 확인해야 한다.

예제 1.1-1

방정식 $|x+1|-|x-3|=2$의 해를 구하여라.

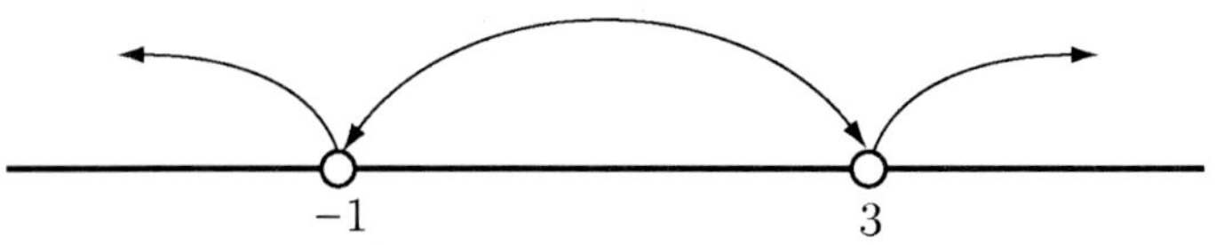

그림 1.2

풀이 ① $x<-1$일 때, 주어진 식은 $-(x+1)-(-(x-3))=2$가 된다.
따라서, $-x-1+x-3=2$가 되는 데, 이 식은 무의미한 식이 된다.

② $-1 \le x < 3$ 일 때, $|x+1|=x+1$, $|x-3|=-(x-3)$

$\therefore$ 방정식은 $(x+1)+(x-3)=2$

$\therefore\ x=2$

$x=2$는 구간 $-1 \le x < 3$을 만족하므로 답이 된다.

③ $3 \le x$ 일 때, 방정식은 $(x+1)-(x-3)=2$이 되며

①과 같이 무의미한 식이 된다. 따라서 주어진 방성식의 해는 $x=2$ 하나이다. ■

문제 1.1-1

다음 방정식을 풀어라.

① $|x-2|+3x-1=9$

② $|x+1|+|x-2|=x+7$

답 ① $x=3$

② $x=-2, 8$

한편 $|x| < a$ (a, 양수) $\Leftrightarrow -a < x < a$이고

$|x| > a$ (a, 양수) $\Leftrightarrow x < -a$ 또는 $a < x$이다.

예제 1.1-2

일차부등식 $|2x-3| < 1$을 풀어라.

풀이 $-1 < 2x - 3 < 1$ 각 변에 3을 더하여

$-1 + 3 < 2x < 1 + 3$

$\therefore\ 1 < x < 2$ ■

예제 1.1-3

일차부등식 $|x| - |x-2| > 1 - x$의 해를 구하여라.

풀이 x 값의 범위를 다음과 같이 나누어 각각 식을 정리하여 풀이 한다.

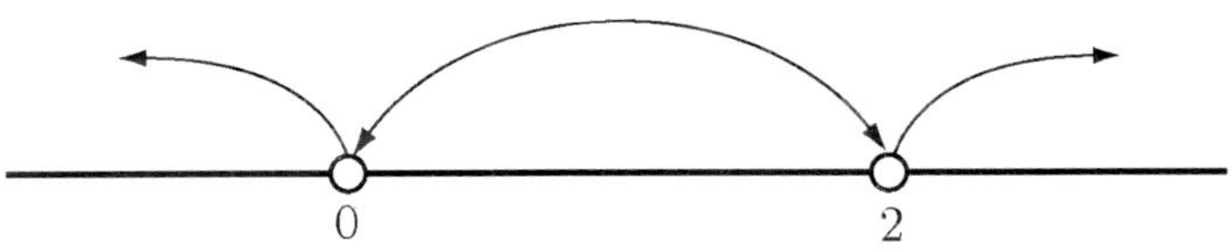

그림 1.3

① $x < 0$ 일 때, 식은 $-x - (-(x-2)) > 1 - x$가 된다.

$\therefore\ -2 > 1 - x\ \ \therefore\ x > 3$ 이는 조건에 맞지 않으므로 해가 되지 않는다.

② $0 < x < 2$ 일 때, $x + (x-2) > 1 - x\ \ \therefore\ x > 1$

③ $2 \le x$일 때, 식은 $x - (x-2) > 1 - x$가 된다.

$\therefore\ 2 > 1 - x$

$\therefore\ x > -1$

이 경우의 해는 조건 $2 \le x$와 풀이 결과 $-1 < x$이 공통부분인 $2 \le x$이다.

최종적으로는 ②와 ③을 합하면 주어진 일차부등식의 해는 $1 < x$이다. ■

문제 1.1-2

다음 일차부등식의 해를 구하여라.

① $|4x-3| < -x+7$

② $|x-1|+2 > x+3$

답 ① $-\frac{4}{3} < x < 2$

② $x < 0$

1.2 농도 문제 그리고 문장제

앞에서 공부한 절대값기호가 포함된 문제들과 함께 농도를 묻는 문제들 그리고 문장으로 제시된 그런 문제들을 학생들이 어렵게 생각한다.

여기에서는 그런 문제들을 중심으로 공부하기로 한다.

예제 1.2-1

3%의 소금물 200g이 있다. 여기에 물을 더 넣어 2%의 소금물로 만들려고 한다. 물 얼마를 넣으면 될까?

풀이 이런 문제에서는 결국 두 소금물에 녹아있는 소금의 양은 같다는 데에 착안하여 식을 만들면 된다.

곧, 3%의 소금물 200g에 녹아 있는 소금의 양은

$$200\times\frac{3}{100}=6(\text{g})$$

이고, 여기에 물 xg을 더 넣어 만든 2%의 소금물 $(200+x)$g에 녹아 있는 소금의 양은 같아야 한다. 그러므로

$$(200+x)\times\frac{2}{100}=6\text{ 이다.}$$

따라서,

$$(200+x)\times 2=600\text{ 이고}$$

$$200+x=300$$

∴ $x=100(\text{g})$이다. ■

문제 1.2-1

위의 [예 1.2.1]의 3%의 소금물 200g이 있다. 이번에는 여기에 소금 xg을 더 넣어 5%의 소금물이 되게 하고 싶다. 몇 g의 소금을 더 넣으면 될까?

답 80/19g ■

예제 1.2-2

고대 그리스의 수학자 디오판토스(Diophantos ; 246~)의 묘비에 다음과 같은 비문이 있다고 한다.

"여행자여! 이 돌 아래에는 디오판토스의 영혼이 잠들어 있다. 그는 일생의 1/6을 귀여운 소년으로 지냈고, 그 후 일생의 1/12이 지나서 수염을 길렀으며, 그 후 일생의 1/7이 지나서 결혼하였다. 결혼 후 5년이 지나 아들이 태어나 매우 행복하게 지냈다. 그러나 운명은 이 아들의 아름답고 찬란한 일생을 아버지의 1/2밖에 허용하지 않았다. 그리하여 디오판토스는 깊은 슬픔을 맛보았고, 아들이 죽고 난 후 4년을 더 살고 세상을 떠났다."

디오판토스는 몇 살까지 살았는가?

풀이 디오판토스가 생애를 마칠 때의 나이를 x라 놓고, 식을 만들면 다음과 같다.

$$x = \frac{1}{6}x + \frac{1}{12}x + \frac{1}{7}x + 5 + \frac{1}{2}x + 4$$

따라서 디오판토스는 84세를 일기로 세상을 떠났음을 알게 된다. ■

연습문제 1 Exercises

1. 어떤 수 x에 25를 더한 수는 그 수의 3배보다 5만큼 작다. 어떤 수 x를 구하여라.

2. 연속하는 3개의 자연수가 있는데, 그 합이 48이라고 한다. 이 세 수 중에서 가장 작은 수를 구하여라.

3. 농도가 5%인 소금물 240g이 있다. 여기에 물을 더 부어서 3%의 소금물을 만들려고 한다. 몇 g의 물을 더 넣어야 되는지 구하여라.

4. 시속 10km의 자전거로 가면 약속시간에 맞추어 목적지까지 갈 수 있다. 그런데 볼 일이 생겨 20분 동안 출발이 늦어져서 자전거를 급히 몰아 시속 15km로 달려 약속 시간보다 10분 전에 목적지에 도착하였다. 목적지까지의 거리는 몇 km인가?

5. 다음 방정식을 풀어라.
   (1) $|1-x|+|x-2|=x+3$
   (2) $4x-[x]=3$(단, $1 \le x < 3$, $[x]$는 x를 넘지 않는 최대의 정수)

6. 다음 부등식을 풀어라.
   (1) $|4x-3|<-x+7$
   (2) $|x|-|x-2|>1-x$

7. $x^2 - 4|x| + 3 > 0$을 풀어라.

8. 다음 부등식을 동시에 만족시키는 x, y의 정수 값의 쌍을 구하여라.

$$\begin{cases} 1 < x + 5y < 5 \\ -2 < 2x + 7y < 3 \end{cases}$$

9. 현준이 생일 날, 동네 사람들에게 떡을 나눠 주는데 한집에 3덩이씩 나눠주면 37덩이가 남고, 5덩이씩 나누어 주면 마지막 집에 1덩이 이상은 줄 수 있으나 5덩이 모두는 줄 수 없다. 그렇다면 떡은 모두 몇 덩이가 있고, 또 몇 집에 나누어 줄 수 있겠는가?

10. 한 변의 길이가 12cm인 정사각형의 판자가 있다. 이 판자를 오른쪽 그림과 같이 네 귀퉁이에서 똑같은 정사각형으로 잘라내고 뚜껑이 없는 상자를 만든다. 잘라낸 정사각형의 한 변의 길이를 $x$cm라 할 때, 밑면의 정사각형에서 한 변의 길이를 6cm 보다 크게 할 경우 x 값의 범위는?

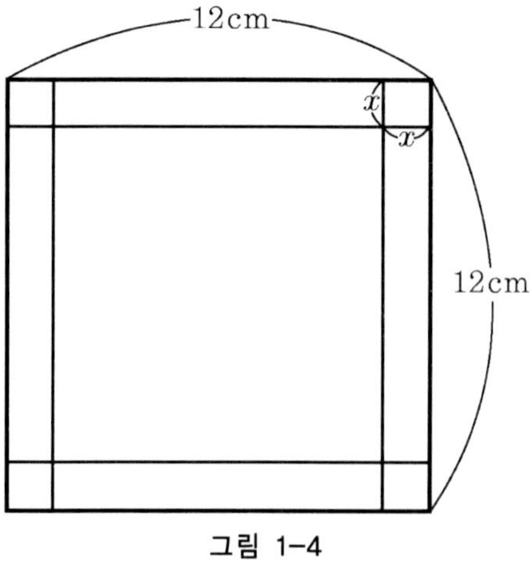

그림 1-4

CHAPTER 02

이차방정식·부등식

2.1 이차방정식

$a(\neq 0)$, b, c가 실수일 때, 방정식 $ax^2+bx+c=0$을 미지수 x에 관한 이차방정식이라고 한다. 이차방정식은 다음과 같이 크게 두가지 방식으로 풀이 한다.

- 인수분해를 이용하는 방법
- 근의 공식을 이용하는 방법이 그것이다.

■ 인수분해를 이용하는 방법

이차다항식 x^2+px+q이 일차식 $(x-\alpha)$와 $(x-\beta)$의 곱으로 인수분해된다고 하면, 다음이 성립한다. 즉,

$$\begin{aligned} x^2+px+q &= (x-\alpha)(x-\beta) \\ &= x^2-(\alpha+\beta)x+\alpha\beta \end{aligned}$$

이 되고, 이 경우

$$x=\alpha,\ x=\beta$$

는 이차방정식

$$x^2+px+q=0$$

의 근이 된다.

여기에서 양변의 계수를 각각 비교하면

$$\alpha+\beta=-p,\ \alpha\beta=q$$

의 관계가 있음도 알 수 있게 된다.

예제 2.1-1

길이가 12m인 철망으로 넓이가 8㎡인 직사각형 모양의 토끼장을 만들려고 한다. 가로의 길이는 몇 m로 하면 되는가?

풀이 구하려는 가로의 길이를 xm라고 하면, 다른 한 변의 길이는 $6-x$m이므로 문제의 조건에 따라 다음과 같은 이차방정식을 얻게 된다.

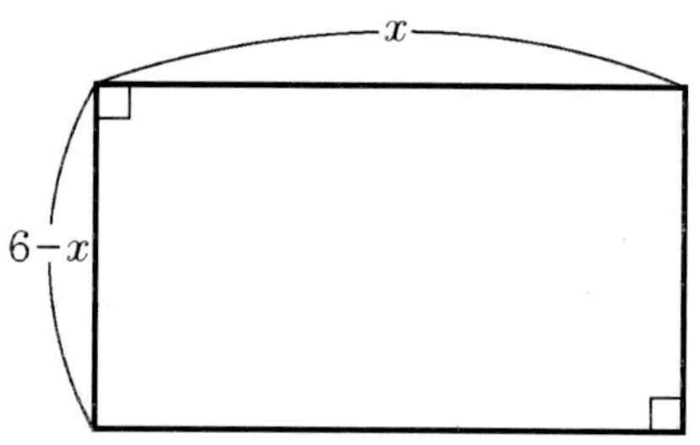

그림 2-1

$$x(6-x)=8$$

이 식을 전개하여 정리하면

$x^2-6x+8=0$이 된다.

왼편 식을 인수분해하면

$$(x-2)(x-4)=0$$

이므로

$x-2=0$ 또는 $x-4=0$

이 된다.

따라서 $x=2$ 또는 $x=4$이다.

즉, 가로의 길이는 2m 또는 4m로 잡으면 된다. ■

■ 이차방정식의 〈근의 공식〉

2차식 x^2+bx+c이 1차식의 제곱으로 표현될 수 있을 때 완전제곱(complete square)이라 하는데 $c=\left(\frac{b}{2}\right)^2$이면 다음과 같이 2차식을 완전 제곱으로 쓸 수 있다.

$$x^2+bx+c=x^2+bx+\left(\frac{b}{2}\right)^2=\left(x+\frac{b}{2}\right)^2$$

이제 완전제곱을 이용하여 근의 공식을 유도하는 과정을 살펴보자.

2차 방정식 $ax^2+bx+c=0$, $(a>0)$의 양변을 x^2의 계수 a로 나누고 상수항을 이항하면 다음과 같다.

$$x^2+\frac{b}{a}x=-\frac{c}{a}$$

위 식의 좌변을 완전제곱으로 고치기 위해 양변에 $\left(\frac{b}{2a}\right)^2$을 더해준 식

$$x^2+\frac{b}{a}x+\left(\frac{b}{2a}\right)^2=-\frac{c}{a}+\left(\frac{b}{2a}\right)^2=\frac{b^2-4ac}{4a^2}$$

을 생각하면 해는 다음과 같이 주어진다.

$$\left(x+\frac{b}{2a}\right)^2=\frac{b^2-4ac}{4a^2}$$

$$\therefore\ x+\frac{b}{2a}=\pm\frac{\sqrt{b^2-4ac}}{2a}$$

$$x=-\frac{b}{2a}\pm\frac{\sqrt{b^2-4ac}}{2a}=\frac{-b\pm\sqrt{b^2-4ac}}{2a}$$

이 식을 2차 방정식의 근의 공식이라 부른다.

예제 2.1-2

2차방정식 $x^2+2x-4=0$의 해를 구하여라.

풀이 주어진 식의 좌변은 간단히 인수분해되지 않는다. 다음과 같은 방법으로 해를 구할 수 있다.

$$\begin{aligned} x^2+2x-4=0 &\Leftrightarrow x^2+2x=4 \\ &\Leftrightarrow x^2+2x+1=5 \\ &\Leftrightarrow (x+1)^2=5 \\ &\Leftrightarrow x=-1\pm\sqrt{5} \end{aligned}$$

■

위와 같은 풀이 방법을 완전제곱식을 이용한 방법이라고 한다.

예제 2.1-3

직각이등변 삼각형 모양의 땅을 아래 그림과 같이 밑변과 높이를 각각 3m, 2m씩 늘렸더니 처음 넓이의 1.5배가 되었다. 처음 땅에서 직각을 끼고 있는 한 변의 길이를 x라고 할 때, x의 값을 구하여라.

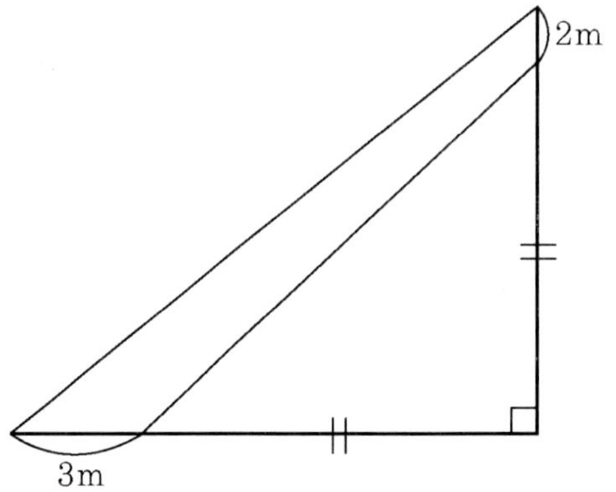

그림 2-2

풀이 처음 땅의 밑변, 높이의 길이를 각각 x라고 하면 넓이는 $\frac{1}{2}x^2$이다. 새로운 삼각형에서 밑변과 높이가 각각 $x+3$, $x+2$이므로 넓이는 $\frac{1}{2}(x+3)(x+2)$이고 다음 방정식이 생긴다.

$$\frac{1}{2}(x+3)(x+2)=\frac{3}{2}\cdot\frac{1}{2}x^2$$

이 식을 정리하면

$$x^2-10x-12=0$$

이고 근의 공식에 의해

$$x = \frac{-(-10) \pm \sqrt{(100+48)}}{2} = 5 \pm \sqrt{37}$$

임을 알 수 있다. 그런데 x는 길이를 나타내므로 음수가 될 수 없다.
따라서 $x = 5 + \sqrt{37}$ 이다. ■

근의 공식을 자세히 살펴보자. 근호 안에 있는 값 $b^2 - 4ac$의 부호에 따라 3가지 경우가 있음을 알 수 있다.

(i) $b^2 - 4ac > 0$이면 서로 다른 두 실근(real root)이 존재
(ii) $b^2 - 4ac = 0$이면 하나의 실근(중근)이 존재
(iii) $b^2 - 4ac < 0$이면 실근은 없음.

(iii)의 경우 실수가 아닌 가상의 수 $i = \sqrt{-1}$ $(i^2 = -1)$를 도입하면 근을 다음과 같이 쓸 수 있다.

$$x = -\frac{b}{2a} \pm \frac{\sqrt{4ac - b^2}}{2a} i$$

이러한 근을 허근 또는 복소수(complex) 근이라 한다.

이와 같이 $b^2 - 4ac$의 부호에 따라 이차방정식의 근이 실근인지 허근인지를 판별할 수 있으므로 $b^2 - 4ac$를 이차방정식의 판별식(discriminant)이라 하고 D로 나타낸다.

$$D = b^2 - 4ac$$

예제 2.1-4

방정식 $x^2 + y^2 - 4x + 6y + 10 = 0$을 만족하는 실수 x, y를 구하여라.

풀이 주어진 방정식을 x에 대하여 내림차순으로 정리하면

$$x^2 - 4x + (y^2 + 6y + 10) = 0$$

인데 문제의 조건에서 x, y는 실수라 하였으므로 위 식을 x에 관한 2차방정식으로 간주할 때 실근을 가져야 한다.

따라서 $D \geq 0$이므로

$$(-4)^2 - 4 \times 1 \times (y^2 + 6y + 10) \geq 0$$

성립해야 한다. 이 식을 정리하면

$$y^2 + 6y + 9 \leq 0 \Leftrightarrow (y+3)^2 \leq 0$$

인데 y도 실수이므로 $y+3=0$이어야 한다. 그러므로 $y=-3$이고 원래 방정식에 대입하여 얻은 x에 대한 방정식

$$(x-1)^2 = 0$$

을 풀면 $x=1$임을 알 수 있다.

따라서 $x=1$이고 $y=-3$이다. ■

예제 2.1-5

x에 대한 2차방정식 $x^2 - 2mx + bm^2 + a - 1 = 0$이 실수 m의 값에 관계없이 중근을 갖는다고 할 때, 실수 a, b의 값을 구하여라.

풀이 실수 m의 값에 관계없이 중근을 가지므로 판별식이 0이어야 한다.

따라서

$$D = (-2m)^2 - 4 \times 1 \times (bm^2 + a - 1)$$
$$= 4(1-b)m^2 + 4(1-a) = 0$$

이 성립한다. 그런데 이 식이 m의 값에 관계없이 항상 성립하므로 m에 관한 항등식이다.

따라서

$$1-b=0,\ 1-a=0$$

이고

$$a=1,\ b=1$$

임을 알 수 있다. ■

2.2 이차부등식

부등식의 모든 항을 좌변으로 이항하여 정리할 때,

$$ax^2+bx+c(>,\ <,\ \geq,\ \leq)\ 0\ (\text{단, } a\neq 0)$$

의 꼴이 되는 부등식을 x에 관한 이차부등식이라고 한다.

이차방정식

$$ax^2+bx+c=0\ (\text{단, } a\neq 0,\ a>0)$$

의 판별식을 $D(=b^2-4ac)$, 두 실근을 α, $\beta(\alpha<\beta)$라 하면 다음이 성립한다.

부등식 \ 판별식	$D>0$	$D=0$	$D<0$
$ax^2+bx+c>0$	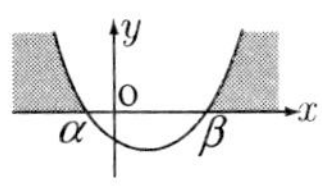 $x<\alpha$ $\beta<x$	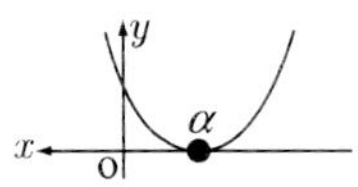 $x\neq\alpha$인 모든 실수	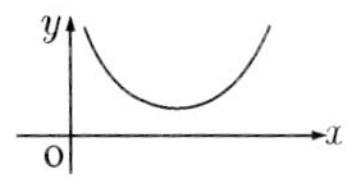 x는 모든 실수
$ax^2+bx+c<0$	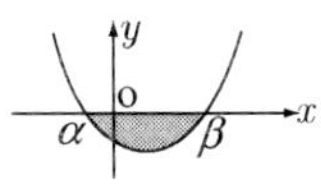 $\alpha<x<\beta$	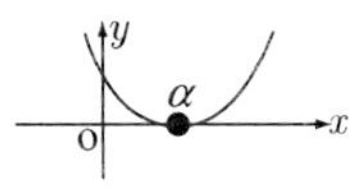 해 없음	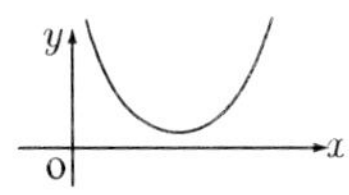 해 없음

예제 2.2-1

이차부등식 $|x^2-x-2|<3x-1$을 풀어라.

풀이

i) $x^2-x-2\geq 0$인 경우, 즉

$(x-2)(x+1)\geq 0$

$\therefore\ x\leq -1,\ x\geq 2$ ········· ㉠

일 때,

$$x^2 - x - 2 < 3x - 1 \Leftrightarrow x^2 - 4x - 1 < 0$$

여기에서 $x^2 - 4x - 1 = 0$의 두 근이 $x = 2 \pm \sqrt{5}$ 이므로
이 부등식을 풀면

$$2 - \sqrt{5} < x < 2 + \sqrt{5}$$

이것과 ㉠을 동시에 만족시키는 x의 범위는

$$2 \leq x < 2 + \sqrt{5} \text{ ······························ ㉡}$$

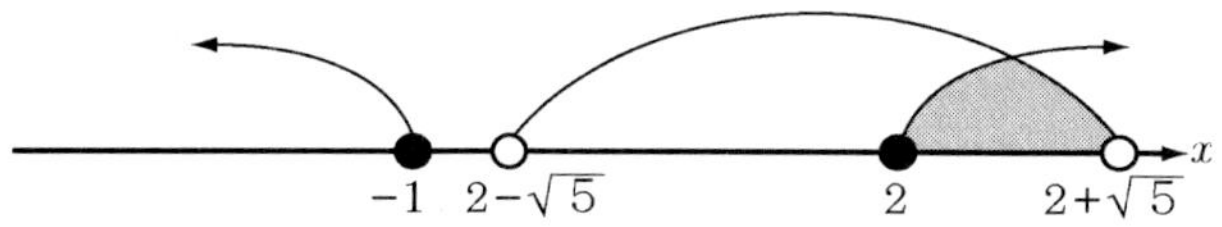

그림 2-3

ii) $x^2 - x - 2 < 0$인 경우, 즉

$$(x-2)(x+1) < 0, \quad \therefore -1 < x < 2 \text{ ············ ㉢}$$

주어진 식은

$$-(x^2 - x - 2) < 3x - 1 \quad \Leftrightarrow \quad x^2 + 2x - 3 > 0$$

$$\therefore (x+3)(x-1) > 0$$

$$\therefore x < -3, \; x > 1$$

이것과 ㉢을 동시에 만족시키는 x의 범위는

$$1 < x < 2 \text{ ······································ ㉣}$$

i), ii)에서 ㉡과 ㉣의 합집합이 구하는 부등식의 해이므로

$1 < x < 2 + \sqrt{5}$ 이다. ■

예제 2.2-2

다음 연립부등식을 풀어라.

$|x-2| < 10$ ································ ①

$x^2 + 2x - 35 \geq 0$ ························· ②

풀이 주어진 각 부등식이 해를 구한 후, 이들의 공통 범위를 구한다.

$$|x-2| < 10 \quad \Leftrightarrow \quad -10 < x - 2 < 10$$

$$\Leftrightarrow \quad -8 < x < 12 \text{ ················ ㉠}$$

$$x^2+2x-35 \ge 0 \iff (x+7)(x-5) \ge 0$$
$$\iff x \le -7, \quad x \ge 5 \text{ ------- ㉡}$$

㉠과 ㉡의 공통 범위를 구하면

$$-8 < x \le -7, \quad 5 \le x < 12$$ ■

예제 2.2-3

동쪽을 향해서 시속 10km로 항해 중인 배가 있다. 배의 위치에서 동으로 150km, 남으로 100km의 해상에는 태풍의 중심이 있다. 태풍은 시속 20km의 빠르기로 북을 향해 진행 중이며 태풍의 중심에서 100km 이내는 폭풍우가 몰아친다고 한다. 이 때, 배가 이대로 항해를 계속한다면 폭풍의 세력권에 들어가서 나올 때까지 걸리는 시간은 얼마인가?

풀이

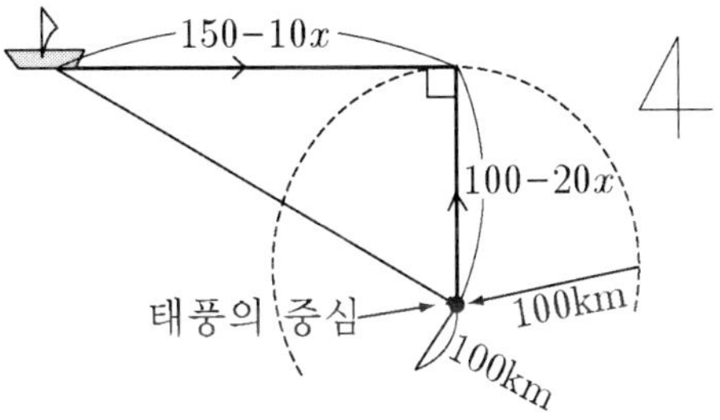

그림 2-4

x 시간 후, 배의 이동 거리는 $150-10x$, 태풍의 중심의 이동거리는 $100-20x$ 이므로 배와 태풍의 중심까지의 거리는

$$\sqrt{(150-10x)^2+(100-20x)^2}$$

따라서, 배가 폭풍의 세력권에 들어가는 것을 부등식으로 나타내면

$$\sqrt{(150-10x)^2+(100-20x)^2} \le 100$$

이 된다.

윗 식의 양변을 제곱하여 정리하면

$$x^2-14x+45 \le 0$$
$$\therefore\ (x-5)(x-9) \le 0$$
$$\therefore\ 5 \le x \le 9$$

따라서, 5시간 후부터 9시간 후까지 폭풍의 세력권에 들어 있게 되므로 폭풍의 세력권에 들어가서 나올 때까지 걸리는 시간은 4시간이다. ■

예제 2.2-4

실수 x에 대하여 $n \le x < n+1$을 만족하는 정수 n을 $[x]$로 나타낼 때, 다음 식을 만족하는 x의 집합을 구하여라.

$$[x]^2 - 2[x] - 3 < 0$$

풀이 $[x]^2 - 2[x] - 3 < 0$에서 $([x]-3)([x]+1) < 0$

$$\therefore\ -1 < [x] < 3$$

이므로

$$[x] = 0,\ 1,\ 2$$

이다.

$$n \le x < n+1 \ (n\text{은 정수})$$

일 때, $[x] = n$이므로

$$[x] \le x < [x]+1,$$

$$\therefore\ 0 \le x < 3$$

■

연습문제 2

Exercises

1. 아래 그림과 같은 정사각형의 토지에 너비가 3m, 5m인 도로가 가로, 세로로 평행하게 나 있다. 이 때, 도로를 제외한 부분의 넓이가 처음 넓이의 $\frac{3}{4}$이 되었다면 처음의 넓이는 얼마인지 구하여라.

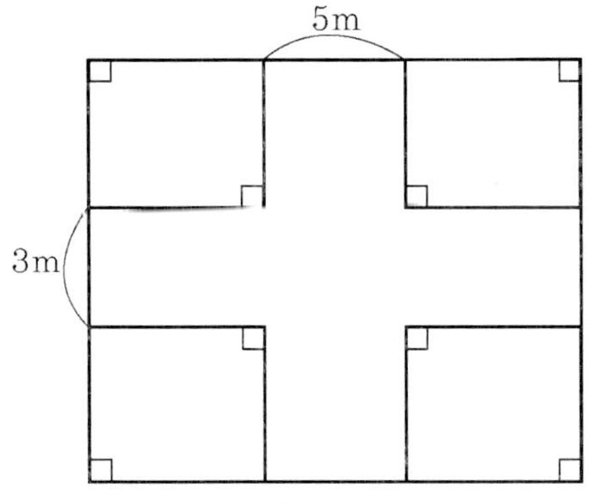

그림 2.5

2. 이차방정식 $x^2+kx+2k-3=0$이 중근을 갖도록 k의 값을 정하여라. 또 그 때의 중근을 구하여라.

3. 이차방정식 $x^2+|x+1|=1$의 해를 구하여라.

4. x에 대한 이차식 $kx^2+4x+k-3=0$이 완전제곱식이 되도록 하는 모든 상수 k의 값들의 합을 구하여라.

5. 이차방정식 $ax^2+bx+c=0$에서 a, c가 서로 다른 부호의 실수라면 b가 실수일 때, 주어진 방정식은 서로 다른 2개의 실근을 가짐을 증명하여라.

6. 다음 연립부등식을 풀어라.

$$\begin{cases} 4x^2 - 8x + 3 \geq 0 \text{ ——— ①} \\ x^2 - 3x - 4 < 0 \text{ ——— ②} \end{cases}$$

7. 연립부등식

$$\begin{cases} x^2 - 5x + 4 \leq 0 \text{ ———————— ①} \\ x^2 + (k-3)x - 3k > 0 \text{ ——— ②} \end{cases}$$

의 해가 $3 < x \leq 4$가 되도록 하는 k의 값의 범위를 구하여라.

CHAPTER

03 삼·사차방정식

$p(x)$가 x에 대한 n차의 다항식일 때, 방정식 $p(x)=0$을 x에 대한 n차 방정식이라고 한다. 예를 들어 $x^3+1=0$, $x^4+4x^3+x-3=0$은 각각 x에 대한 3차방정식, 4차방정식이다. 2차방정식은 인수분해를 하거나 근의 공식을 이용하여 풀 수 있지만, 대부분의 경우 3차 이상의 방정식은 (a) 인수분해 공식을 이용하거나 (b) 치환하여 낮은 차수의 방정식으로 변환하거나 (c) 인수정리를 이용해서 풀게 된다.

■ 인수분해에 의한 [풀이]

방정식의 형태가 특별한 경우에는 인수분해 공식

$$a^3-b^3=(a-b)(a^2+ab+b^2)$$

$$a^3+b^3=(a+b)(a^2-ab+b^2)$$

을 이용하면 쉽게 해를 구할 수 있는 경우가 있다

예제 3.1-1

다음 방정식의 해를 구하여라.

(1) $8x^3-27=0$

(2) $x^4-4x^2+3=0$

(3) $x^3-1=0$

풀이

(1) $8x^3-27=(2x)^3-3^3=(2x-3)((2x)^2+2x\cdot 3+3^2)$

$$=(2x-3)(4x^2+6x+9)$$

로 인수 분해 되므로

$$2x-3=0 \text{ 또는 } 4x^2+6x+9=0$$

이어야 한다. 따라서

$$x=\frac{3}{2} \text{ 또는 } x=\frac{-3\pm 3\sqrt{3}\,i}{2}$$

이다.

(2) $x^2=X$라 치환하면 원래 방정식을 X에 대한 2차방정식

$$X^2-4X+3=0$$

으로 쓸 수 있다. 좌변을 인수분해하면 $(X-1)(X-3)=0$이므로

$$X=1 \text{ 또는 } X=3$$

이다. 따라서 $x^2=1$ 또는 $x^2=3$이므로 해는 $x=\pm 1,\ \pm\sqrt{3}$이다.

(3) $x^3-1=(x-1)(x^2+x+1)$이므로 $x-1=0$이거나 $x^2+x+1=0$이어야 한다. 따라서 해는 다음과 같다.

$$x=1 \text{ 또는 } x=\frac{-1\pm\sqrt{3}\,i}{2}$$

■

■ 인수정리와 인수분해

$f(x)$, $g(x)$가 다항식일 때 $\deg f > \deg g$이면

$$f(x)=g(x)Q(x)+r(x),\quad \deg r<\deg Q$$

인 다항식 $Q(x)$와 $r(x)$가 존재한다.

$Q(x)$는 몫(quotient)라 하고 $r(x)$는 나머지(remainder)라 부른다. 특히,

$$g(x) = x - a \text{이면}$$

$$f(x) = (x-a)Q(x) + R$$

이라 쓸 수 있고, $R = f(a)$임을 알 수 있다. 이 사실로부터 $f(x)$가 $x-a$로 나누어 떨어질 필요충분조건은 $f(a) = 0$임을 증명할 수 있다. $f(a) = 0$인 실수 a를 찾을 수 있다면 $f(x)$를 다음과 같은 형태로 인수분해할 수 있고 이로써 방정식 $f(x) = 0$의 해를 1개 구한 것이 된다.

$$f(x) = (x-a)Q(x)$$

이 때 $x-a$는 $f(x)$의 인수(factor)라 한다.

대수학의 기본 정리에 의하면 계수가 실수인 다항식을 1차식과 2차식들의 곱으로 인수분해할 수 있으므로 인수 $x-a$를 구하는 것이 중요하다는 것을 알 수 있다.

이제 인수를 구하는 방법을 알아보자. 정수 계수의 방정식

$$a_n x^n + a_{n-1} x^{n-1} + \cdots + a_1 x + a_0 = 0$$

이 유리수 $x = \dfrac{a}{b}$를 근으로 가지면 a는 a_0의 약수이고, b는 a_n의 약수이어야 한다. 따라서 유리수 근은 다음과 같은 형태를 갖게 된다.

$$\pm \frac{\text{상수항의 약수}}{x^n\text{의 계수의 약수}}$$

인수 $x-a$를 찾은 다음 긴나눗셈(long division, 또는 조립제법)에 의해 $Q(x)$를 구하면 $f(x)$를 인수분해하게 되고 방정식을 풀 수 있게 된다. 이를테면 $f(x) = x^3 - 2x^2 - x + 2$에서 $f(1) = 0$이므로 조립제법을 이용하여 인수분해하면 다음과 같다.

$$\begin{array}{c|cccc} 1 & 1 & -2 & -1 & 2 \\ & \downarrow & 1 & -1 & -2 \\ \hline & 1 & -1 & -2 & \boxed{0} \end{array}$$

$$\begin{aligned} f(x) &= (x-1)(x^2 - x - 2) \\ &= (x-1)(x-2)(x+1) \end{aligned}$$

앞에서 사용한 조립제법에 대해 설명하면 다음과 같다.

■ 조립제법

나머지만을 구할 때는 나머지 정리를 이용하여 나머지를 쉽게 구할 수 있으나 몫을 구할 때는 직접 나눗셈을 이용하여 구한다.

이제, x에 관한 다항식 $f(x)$를 $x-a$를 나눌 경우 나눗셈을 이용하여 몫과 나머지를 구하는 방법을 생각해 보자.

예를 들어 다항식 $P(x)=2x^3-4x^2+3x+2$를 일차식 $x-3$으로 나누었을 때의 몫을 $Q(x)=b_0x^2+b_1x+b_2$, 나머지를 R라고 두고 나눗셈을 이용하여 몫과 나머지를 구해 보자.

$$
\begin{array}{r l}
 & \;\; b_0 \quad\;\; b_1 \quad\; b_2 \\
 & \;\; 2x^2+2x+9 \\
\cline{2-2}
x-3 \,) & \;\; 2x^3-4x^2+3x+2 \\
 & \;\; 2x^3-6x^2 \\
\cline{2-2}
 & \qquad\quad 2x^2+3x \\
 & \qquad\quad 2x^2-6x \\
\cline{2-2}
 & \qquad\qquad\quad 9x+\;\,2 \\
 & \qquad\qquad\quad 9x-27 \\
\cline{2-2}
 & \qquad\qquad\qquad\;\; 29
\end{array}
$$

- $2x^2+2x+9$ ········ ‣ 몫 $Q(x)$
- ········ 2 ········ ‣ x^2의 계수 b_0
- ········ $-4+3\times2=2$ ·· ‣ x의 계수 b_1
- ········ $3+3\times2=9$ ··· ‣ 상수항 b_2
- 29 ········ $2+3\times9=29$ ·· ‣ 나머지 R

따라서, 위의 계산 과정으로부터 몫 $Q(x)=2x^2+2x+9$, 나머지 $R=29$임을 알 수 있다. 이 때, 위의 과정에서 계수만 주목하면 오른쪽 방법을 이용하여 몫의 계수와 나머지를 더 쉽게 구할 수 있다.

이와 같이 몫과 나머지를 구하는 방법을 조립제법이라고 한다.

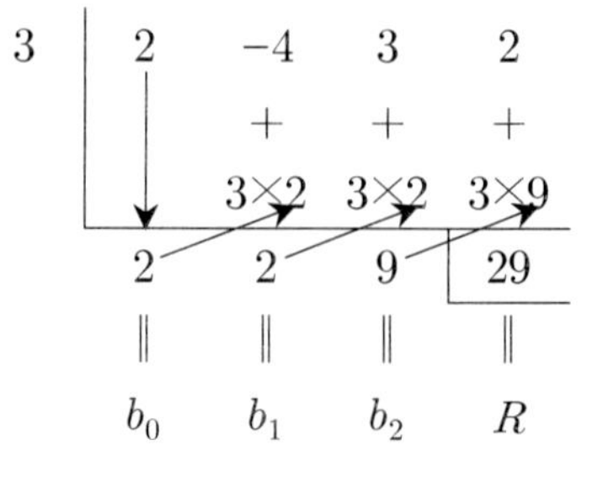

예제 3.1-2

3차방정식 $x^3-5x-2=0$을 풀어라.

풀이 $f(x)=x^3-5x-2$로 놓고, 상수항 -2의 약수 중에서 $f(a)=0$을 만족하는 a를 찾아 조립제법을 이용한다. 여기에서 $f(-2)=0$이므로 인수정리에 의하여 $f(x)$는 $(x+2)$를 인수로 갖는다. 조립제법에 의하여

-2	1	0	-5	-2
	↓	-2	4	2
	1	-2	-1	0

$$f(x)=(x+2)(x^2-2x-1)$$

로 쓸 수 있고 주어진 방정식은 다음과 같다.

$$(x+2)(x^2-2x-1)=0$$

따라서 해는 $x=-2$ 또는 $x=1\pm\sqrt{2}$이다. ■

예제 3.1-3

4차방정식 $x^4+5x^3+x^2-21x-18=0$을 풀어라.

풀이 $f(x)=x^4+5x^3+x^2-21x-18$라 놓고, 상수항 -18의 약수 중에서 $f(a)=0$, $f(b)=0$인 a, b를 찾은 후 조립제법을 이용하여 인수분해한다. $f(-1)=0$, $f(2)=0$이므로 $f(x)$는 $(x+1)$과 $(x-2)$를 인수로 갖는다. 따라서 조립제법으로부터 $f(x)$를 인수분해할 수 있다.

$$\begin{aligned} f(x) &= x^4+5x^3+x^2-21x-18 \\ &= (x+1)(x^3+4x^2-3x-18) \\ &= (x+1)(x-2)(x^2+6x+9) \\ &= (x+1)(x-2)(x+3)^2 \end{aligned}$$

-1	1	5	1	-21	-18
	↓	-1	-4	3	18
2	1	4	-3	-18	0
	↓	2	12	18	
	1	6	9	0	

이제 주어진 방정식을 $(x+1)(x-2)(x+3)^2=0$라 쓸 수 있으므로 $x+1=0$ 또는 $x-2=0$ 또는 $(x+3)^2=0$이다. 따라서 해는 다음과 같다.

$x=-1$ 또는 $x=2$ 또는 $x=-3$(중근) ■

■ 삼 · 사차방정식의 〈근의 공식〉

삼 · 사차방정식의 근의 공식을 발견한 것은 16세기에 이루어진 가장 극적인 성과라고 볼 수 있다.

1515년경 이탈리아 수학자 페로(Ferro)는 $x^3+mx=n$을 풀었으나 발표하지 않고 제자인 피오르(Fior)에게 비밀을 알려주었다.

한편, 1535년경 타르탈리아(Tartaglia, 본명은 니콜로 폰타나)가 $x^3+px=n$ 꼴의 방정식을 풀었다고 주장하자 피오르는 허풍이라고 생각하고 타르탈리아에게 3차방정식을 푸는 공개시합을 갖자고 제안하였다. 타르탈리아는 2차항이 없는 3차방정식의 해법을 시합 전에 발견하여 공개시합에서 승리하였다. 그 후 카르다노(Cardano)는 비밀을 지키겠다고 약속하고 타르탈리아에게 간청하여 방법을 알아내었다. 그러나 1545년에 "위대한 술법"이라는 책을 출간하면서 타르탈리아의 해법을 포함시켰다. 타르탈리아가 항의하자 카르다노의 제자인 페라리는 카르다노는 제3자를 통해 페로의 해법에 대한 정보를 얻었다고 주장하면서 오히려 타르탈리아가 해법을 표절했다고 비난하였다고 전해진다.

■ 삼차방정식의 〈근의 공식〉 - 카르다노의 해법 -

삼차방정식 $ax^3+bx^2+cx+d=0$ $(a\neq 0)$에서 양변을 a로 나누면 x^3의 계수를 1로 만들 수 있다.

$$x^3+px^2+qx+r=0 \ \left(\text{여기서 } p=\frac{b}{a},\ q=\frac{c}{a},\ r=\frac{d}{a}\right)$$

이제 $x=y-\dfrac{p}{3}$로 놓고 위의 식에 대입하면

$$\left(y-\frac{p}{3}\right)^3+p\left(y-\frac{p}{3}\right)^2+q\left(y-\frac{p}{3}\right)+r=0$$

이다. 이 식을 정리하면 y^2의 계수는 $3\times\left(-\dfrac{p}{3}\right)+p=0$이므로, y^2항이 없는

이제 $y^3+my=n$ ······ (*)

의 꼴로 정리할 수 있다.

$$y=u+v$$

라 하고 (*)식에 대입하면

$$(u+v)^3+m(u+v)=n$$

$$\therefore\ u^3+v^3+3uv(u+v)+m(u+v)=n$$

$$\therefore\ u^3+v^3+(3uv+m)(u+v)=n$$

여기에서 $u^3+v^3=n$ ··· ㉠, $3uv+m=0$이 되도록 u, v를 정하자.

$3uv+m=0$이려면 $uv=-\dfrac{m}{3}$, $u^3v^3=-\dfrac{m^3}{27}$ ··· ㉡

㉠, ㉡으로부터 u^3, v^3은 $t^2-nt-\dfrac{m^3}{27}=0$의 해이어야 한다.

따라서 $t^2-nt-\dfrac{m^3}{27}=0$의 두 근을 α, β라 하면

$$u^3=\alpha=\frac{n+\sqrt{n^2+\frac{4}{27}m^3}}{2},$$

$$v^3=\beta=\frac{n-\sqrt{n^2+\frac{4}{27}m^3}}{2}$$

$$\therefore\ u=\sqrt[3]{\alpha}=\sqrt[3]{\frac{n+\sqrt{n^2+\frac{4}{27}m^3}}{2}},$$

$$v=\sqrt[3]{\beta}=\sqrt[3]{\frac{n-\sqrt{n^2+\frac{4}{27}m^3}}{2}}$$

이 되고, 방정식 (*)의 한 근 $y=u+v(=\sqrt[3]{\alpha}+\sqrt[3]{\beta})$이다.

한편, $x^3=1$의 한 허근을 ω라 하면

$$\omega u+\omega^2 v,\ \ \omega^2 u+\omega v$$

도 u, v에 대한 같은 조건에서 방정식 (*)의 근이 됨을 알 수 있다.

즉, 방정식 (*)의 세 근은

$$u+v,\ \ \omega u+\omega^2 v,\ \ \omega^2 u+\omega v$$

이고, $x=y-\frac{p}{3}$라고 놓았으므로, 원래 방정식의 세 근은

$$u+v-\frac{p}{3},\ \ \omega u+\omega^2\omega-\frac{p}{3},\ \ \omega^2 u+\omega v-\frac{p}{3}$$

가 된다.

예제 3.1-3

$x^3-6x^2+11x-6=0$의 해를 구하여 보자.
(주어진 방정식은 $(x-1)(x-2)(x-3)=0$으로 인수분해되는 식이다. 여기에서는 위에서 공부한 삼차방정식의 <근의 공식>을 연습하도록 하겠다.)

풀이 $x=y+2$라 놓는다.

$$\therefore\ (y+2)^3-6(y+2)^2+11(y+2)-6=0$$

$$(y^3+6y^2+12y+8)-6(y^2+4y+4)+11y+22-6=0$$

윗 식을 정리하면

$$y^3-y=0\ \cdots\cdots\ (*)$$

(이 문제의 경우에는 (*)을 가지고도 바로 해를 구할 수 있으나, 근의 공식을 연습하는 의미에서 계속 진행함)

근의 공식에 따라서

$$\begin{cases} u^3+v^3=0 \\ u^3v^3=\dfrac{1}{27} \end{cases}$$

이 되며, u^3, v^3은 다음과 같은 2차방정식의 해가 된다.

$$t^2+\frac{1}{27}=0$$

$$\therefore\ u^3=\sqrt{\frac{1}{27}}\,i$$

즉

$$u=\sqrt[3]{\sqrt{\frac{1}{27}}}\times i^{\frac{1}{3}}=\sqrt{\frac{1}{3}}\,i^{\frac{1}{3}}$$

$$v^3=-\sqrt{\frac{1}{27}}\,i$$

$$v=\sqrt[3]{-\sqrt{\frac{1}{27}}}\times i^{\frac{1}{3}}=-\sqrt{\frac{1}{3}}\,i^{\frac{1}{3}}$$

따라서 구하는 해는

i) $x=(u+v)+2=2$

ii) $x=(\omega^2u+\omega v)+2$
$=-1+2=1$

* 여기에서

$$\begin{cases} \omega=\dfrac{-1+\sqrt{3}\,i}{2} \\ \omega^2=\dfrac{-1-\sqrt{3}\,i}{2} \end{cases}$$

$$\omega^2u+\omega v=\frac{-1-\sqrt{3}\,i}{2}\times\frac{1}{\sqrt{3}}i^{\frac{1}{3}}+\frac{-1+\sqrt{3}\,i}{2}\times\left(-\frac{1}{\sqrt{3}}i^{\frac{1}{3}}\right)$$

$$=\frac{-2\sqrt{3}\,i}{2\sqrt{3}}\times i^{\frac{1}{3}}=-i^{\frac{4}{3}}=-1$$

$$\left(i^{\frac{4}{3}}=(i^4)^{\frac{1}{3}}=((\sqrt{-1})^4)^{\frac{1}{3}}=1^{\frac{1}{3}}=1\right)$$

iii) $x=(\omega u+\omega^2v)+2$
$=1+2$
$=3$

■

예제 3.1-5

$x^3+3x^2+9x+13=0$ 해를 구해 보자.

풀이 $x=y-1$로 놓고 위의 식에 대입하면

$$(y-1)^3+3(y-1)^2+9(y-1)+13=0$$

정리하면

$$y^3+6y=-6 \quad \cdots \ (*)$$

$y=u+v$라 할 때, $u^3+v^3=-6$, $u^3v^3=-8$

즉, u^3, v^3은 $t^2+6t-8=0$의 두 근이므로

$$u^3=-3+\sqrt{17}, \ v^3=-3-\sqrt{17}$$

$$\therefore \ u=\sqrt[3]{-3+\sqrt{17}}, \ v=\sqrt[3]{-3-\sqrt{17}}$$

즉, 방정식(*)의 세 근은

$$\sqrt[3]{-3+\sqrt{17}}+\sqrt[3]{-3-\sqrt{17}},$$

$$\omega\sqrt[3]{-3+\sqrt{17}}+\omega^2\sqrt[3]{-3-\sqrt{17}},$$

$$\omega^2\sqrt[3]{-3+\sqrt{17}}+\omega\sqrt[3]{-3-\sqrt{17}}$$

(단, ω는 $x^3=1$의 한 허근)

이고, 원래 방정식의 근은 이들 y의 값에서 1을 빼면 된다.

따라서, (5)번 방정식의 세근은

$$\sqrt[3]{-3+\sqrt{17}}+\sqrt[3]{-3-\sqrt{17}},$$

$$\omega\sqrt[3]{-3+\sqrt{17}}+\omega^2\sqrt[3]{-3-\sqrt{17}}-1,$$

$$\omega^2\sqrt[3]{-3+\sqrt{17}}+\omega\sqrt[3]{-3-\sqrt{17}}-1$$

이다. ■

앞에서 언급한 카르다노의 책『위대한 술법』속에는 사차방정식의 해법도 실려 있는데, 이것은 그의 제자 페라리(Ludovico Ferrari, 1522~1565)가 발견한 것이다.

■ 사차방정식의 〈근의 공식〉 – 페라리의 해법 –

일반적으로 사차방정식을 x^4의 계수로 양변을 나누면 x^4의 계수를 1로 만들 수 있으므로, 다음과 같이 나타낼 수 있다.

$$x^4+ax^3+bx^2+cx+d=0$$

여기에서 $x=y-\frac{a}{4}$로 놓으면

$$y^4+Ay^2+By+C=0$$

이라는 3차항이 없는 형태가 된다. 이 방정식을 풀어 구한 네 근에서 $\frac{a}{4}$를 빼면 원래 방정식의 네 근이 된다.

이제, 주어진 방정식을

$$x^4+mx^2+n=rx \quad \cdots \text{㉠}$$

라 하자. 양변에 mx^2+m^2을 더하면

$$(x^2+m)^2-mx^2+m^2+rx-n$$

이 식의 양변에 $2y(x^2+m)+y^2$을 더하면

$$(x^2+m+y)^2=(m+2y)x^2+rx+y^2+2my+m^2-n$$

위의 우변이 완전제곱식이 되도록 y를 정한다.

즉, 판별식을 0으로 놓으면

$$r^2-4(m+2y)(y^2+2my+m^2-n)=0$$

$$\therefore\ 8y^3+20my^2+8(2m^2-n)y+4m(m^2-n)-r^2=0$$

이 삼차방정식을 일반해법으로 풀어서, $y=y_1$을 얻었을 때

$$(x^2+m+y_1)^2=(m+2y_1)\left\{x+\frac{r}{2(m+2y_1)}\right\}^2$$

제곱근을 구하면

$$x^2+m+y_1=\pm\sqrt{m+2y_1}\left\{x+\frac{r}{2(m+2y_1)}\right\}$$

라는 두 개의 이차방정식이 만들어진다.

따라서 ㉠의 해 네 개를 구할 수 있다.

일반적인 5차 방정식의 근을 구할 수 없다는 것은 이탈리아 의사인 루피니(Ruffini)에 의해 처음 증명되었고 후에 노르웨이 수학자인 아벨(Abel)에 의해 일반적인 5차 이상의 방정식의 근을 구할 수 없다는 것이 증명되었다. 아벨은 불과 19세 때 5차 방정식의 일반해가 존재하지 않는다는 사실을 증명하였다.

수학자들은 1차 방정식에서 시작하여 자연스럽게 2차, 3차, 4차 방정식으로 차수를 높여가면서 일반해를 찾았다. 이 때 3차 방정식의 해법은 2차 방정식의 근의 공식을 이용하고, 또 4차 방정식의 해법은 3차 방정식의 근의 공식을 이용하는 식으로 전개되었기에, 4차 방정식의 근의 공식을 이용하면 5차 방정식의 해법을 알아낼 수 있으리라 추측했다. 기라성 같은 수학자들이 5차 방정식의 해법을 찾는데 도전했지만 큰 장애에 부딪히게 되었다. 결국 5차 방정식 문제는 약 3세기 동안 수학의 난제로 남아 있다가 결국 아벨에 의해 일반해가 존재하지 않는다는 것이 증명된 것이다. 아벨은 5차 방정식에 관한 논문을 당시 수학계 최고 권위자였던 가우스(Gauss)에게 보냈으나, 가우스는 논문을 읽어 보지도 않고 쓰레기통에 버렸다고 한다. 결국 아벨은 당대에는 인정받지 못한 채 27세의 나이에 요절했다.

19세기 프랑스의 수학자 갈르와(Galois)는 군(Group)이라는 개념을 이용하여 대수적으로 풀 수 있는 방정식을 구별하는 방법을 발표하였다.

연습문제 3 Exercises

1. 다음 방정식을 풀어라.

(1) $x^3+1=0$

(2) $27x^3-1=0$

(3) $x^3-8=0$

(4) $8x^3-8=0$

2. 다음 방정식을 풀어라.

(1) $x^4-13x^2+36=0$

(2) $x^4+2x^2-15=0$

(3) $x^4-9=0$

(4) $x^4-2x^2-8=0$

3. 다음 방정식을 풀어라.

(1) $x^3+3x^2-2=0$

(2) $x^3-8x^2+17x-10=0$

(3) $x^4-9x^2-4x+12=0$

(4) $x^4+x^3-9x^2+11x-4=0$

❖ 메모

CHAPTER
04

행렬과 행렬식을 이용한 연립방정식 풀이

미지수가 두 개인 연립일차방정식은 하나의 미지수를 소거하여 쉽게 풀 수도 있지만, 행렬을 이용하여 풀 수도 있다. 행렬을 이용한 [풀이] 방법은 미지수가 2개인 경우뿐만 아니라, 미지수의 개수가 n개인 경우에도 적용할 수 있다. 이 절에서는 여기에 관한 것을 살펴보기로 하자. 이를 위하여 먼저 행렬에 관해 간단한 공부부터 해보자. 행렬(matrix)이란 수의 직사각형 모양의 배열이다. 그 배열된 수를 그 행렬의 성분이라 한다. 행렬 A가 2×3 행렬이면, $A=\begin{pmatrix} a_{11} & a_{12} & a_{13} \\ a_{21} & a_{22} & a_{23} \end{pmatrix}$로 나타낼 수 있다. 또, 이것을 간단히 $A=(a_{ij})_{2\times 3}$(단, $i=1,\ 2\ ;\ j=1,\ 2,\ 3$)로 나타내기도 한다.

행과 열의 수가 n으로 같은 행렬을 n차정방행렬이라 한다.

$$\begin{matrix} & \text{제 } j \text{ 열} \\ \text{제 } i \text{ 행} & \begin{pmatrix} & \vdots & \\ \cdots & a_{ij} & \cdots \\ & \vdots & \end{pmatrix} \end{matrix}$$

■ **행렬의 연산**

1) $A=(a_{ij})_{mn},\ B=(b_{ij})_{mn}$ 일 때,

$$A\pm B=(a_{ij}\pm b_{ij})_{mn}$$

2) $kA = k(a_{ij})_{mn} = (ka_{ij})_{mn}$, k : 상수

3) $A = (a_{ij})_{mn}$, $B = (b_{ji})_{nl}$ 일 때,

$$A \times B = (c_{ik})_{ml}, \quad c_{ik} = \sum_{j=1}^{n} a_{ij} b_{jk}$$

행렬 A와 행렬 B의 곱 AB는 A의 행과 B의 열을 순서대로 각각 곱하여 합한 성분들을 나타낸 것이다.

예를 들어 2×2 행렬

$$A = \begin{pmatrix} a_{11} & a_{12} \\ a_{21} & a_{22} \end{pmatrix} \text{와 } B = \begin{pmatrix} b_{11} & b_{12} \\ b_{21} & b_{22} \end{pmatrix}$$

의 곱 AB를 계산한다면

$$AB = \begin{pmatrix} a_{11}b_{11} + a_{12}b_{21} & a_{11}b_{12} + a_{12}b_{22} \\ a_{21}b_{11} + a_{22}b_{21} & a_{21}b_{12} + a_{22}b_{22} \end{pmatrix}$$

이다.

예제 4.1-1

$I = \begin{pmatrix} 1 & 0 & 0 \\ 0 & 1 & 0 \\ 0 & 0 & 1 \end{pmatrix}$, $B = \begin{pmatrix} a & b & c \\ d & e & f \\ g & h & i \end{pmatrix}$ 일 때, $IB = \begin{pmatrix} a & b & c \\ d & e & f \\ g & h & i \end{pmatrix} = B$ ■

행렬의 덧셈과 뺄셈은 두 행렬의 행과 열의 수가 서로 같은 모양의 행렬 사이에서만 연산이 가능하다. 또 행렬의 곱셈 $A \times B$는 앞 행렬 A의 열의 수와 B의 행의 수가 일치할 때에만, 연산이 가능하다. 그러므로 일반적으로 행렬의 곱셈은 교환법칙이 성립하지 않는다. 곧, $A \times B \neq B \times A$이다.

행렬 $I = \begin{pmatrix} 1 & 0 & 0 \\ 0 & 1 & 0 \\ 0 & 0 & 1 \end{pmatrix}$과 같이 정방행렬의 대각선 성분이 모두 1이고 다른 나머지 성분은 0인 행렬 I를 단위행렬(Identity matrix)이라고 한다. 일반적으로 행렬의 곱셈에서는 교환법칙이 성립하지 않지만 단위행렬의 경우에는 $IB = BI$가 된다.

어떤 정사각행렬(정방행렬) A와 단위행렬 I에 대하여 $AX=XA=I$가 되는 행렬 X가 존재할 때, 이 행렬 X를 A의 역행렬(inverse matrix)이라고 하며, 기호 A^{-1}로 나타낸다.

역행렬이 존재하는 행렬을 정칙행렬(regular matrix)이라고 한다.

예제 4.1-2

행렬 $A=\begin{pmatrix} a & b \\ c & d \end{pmatrix}$에서 A^{-1}는 다음과 같다.

(1) $ad-bc \neq 0$ 이면 $A^{-1}=\dfrac{1}{ad-bc}\begin{pmatrix} d & -b \\ -c & a \end{pmatrix}$

($ad-bc=0$ 이면 A의 역행렬은 없다.)

풀이 행렬 $A=\begin{pmatrix} a & b \\ c & d \end{pmatrix}$의 역행렬을 $A^{-1}=\begin{pmatrix} x & u \\ y & v \end{pmatrix}$라고 하면, 다음이 성립한다.

$$\begin{pmatrix} a & b \\ c & d \end{pmatrix}\begin{pmatrix} x & u \\ y & v \end{pmatrix}=\begin{pmatrix} 1 & 0 \\ 0 & 1 \end{pmatrix} \text{ 즉,}$$

$$\begin{pmatrix} ax+by & au+bv \\ cx+dy & cu+dv \end{pmatrix}=\begin{pmatrix} 1 & 0 \\ 0 & 1 \end{pmatrix}$$

따라서 다음 두 연립방정식을 얻는다.

$$\begin{cases} ax+by=1 \cdots\cdots ① \\ cx+dy=0 \cdots\cdots ② \end{cases}$$

$$\begin{cases} au+bv=0 \cdots\cdots ③ \\ cu+dv=1 \cdots\cdots ④ \end{cases}$$

①, ②에서 $(ad-bc)x=d$, $(ad-bc)y=-c$

③, ④에서 $(ad-bc)u=-b$, $(ad-bc)v=a$가 된다.

(1) $ad-bc \neq 0$일 때

$$x=\frac{d}{ad-bc},\ y=\frac{-c}{ad-bc},\ u=\frac{-b}{ad-bc},\ v=\frac{a}{ad-bc}$$

가 되어, 구하는 역행렬

$$A^{-1}=\begin{pmatrix} \dfrac{d}{ad-bc} & \dfrac{-b}{ad-bc} \\ \dfrac{-c}{ad-bc} & \dfrac{a}{ad-bc} \end{pmatrix}=\frac{1}{ad-bc}\begin{pmatrix} d & -b \\ -c & a \end{pmatrix}\text{이다.}$$ ■

x, y에 대한 연립일차방정식 $\begin{cases} ax+by=p \cdots\cdots ① \\ cx+dy=q \cdots\cdots ② \end{cases}$을 행렬의 곱을 이용하여 나타내면 다음과 같다.

$$\begin{pmatrix} a & b \\ c & d \end{pmatrix}\begin{pmatrix} x \\ y \end{pmatrix}=\begin{pmatrix} p \\ q \end{pmatrix}$$

여기에서 $A=\begin{pmatrix} a & b \\ c & d \end{pmatrix}$, $X=\begin{pmatrix} x \\ y \end{pmatrix}$, $B=\begin{pmatrix} p \\ q \end{pmatrix}$라 놓으면, 윗 식은

$$AX=B \cdots\cdots ③$$

로 나타낼 수 있다. 따라서, 주어진 연립방정식의 해를 구하려면 ③식에서 행렬 X를 구하면 된다. 만일 $ad-bc\neq 0$, 즉 역행렬 A^{-1}가 존재할 때는 ③의 양변의 왼쪽에 A^{-1}를 곱하여 $A^{-1}AX=A^{-1}B \Leftrightarrow X=A^{-1}B$를 구할 수 있다.

한편, $ad-bc=0$, 즉 역행렬 A^{-1}가 존재하지 않으면, 주어진 연립일차방정식은 해가 무수히 많거나(부정; $\frac{a}{c}=\frac{b}{d}=\frac{p}{q}$ 인 경우), 해가 없다(불능; $\frac{a}{c}=\frac{b}{d}\neq\frac{p}{q}$인 경우)

이때는 가감법 등 다른 방법으로 풀이한다.

예제 4.1-3

역행렬을 이용하여 다음 연립일차방정식을 풀어라.

(1) $\begin{cases} 4x-4y=3 \cdots\cdots ① \\ x-y=2 \quad \cdots\cdots ② \end{cases}$ (2) $\begin{cases} 2x+2y=4 \cdots\cdots ① \\ x+y=2 \quad \cdots\cdots ② \end{cases}$

풀이 (1) $A=\begin{pmatrix} 4 & -4 \\ 1 & -1 \end{pmatrix}$에서 $ad-bc=4\times(-1)-(-4)\times 1=0$이므로 A의 역행렬은 존재하지 않는다. 한편, $\frac{4}{1}=\frac{-4}{-1}\neq\frac{3}{2}$이므로 해는 없다.

($\frac{1}{4}\times① \Leftrightarrow x-y=\frac{3}{4}$이 되어 ②식에 모순이 됨을 알 수 있다.)

(2) $A=\begin{pmatrix} 2 & 2 \\ 1 & 1 \end{pmatrix}$에서 $ad-bc=2-2=0 \quad \therefore A^{-1}$는 존재하지 않는다.

그러나 $\frac{2}{1}=\frac{2}{1}=\frac{4}{2}(=2)$이므로 해는 무수히 많다.

($\frac{1}{2}\times① \Leftrightarrow x+y=2$로써, 사실상 ①=②로 $x+y=2$의 해를 모두 구하면 된다.

즉, 해집합은 $\{(x,\ 2-x) \mid x$는 모든 실수$\}=\{\cdots, (-1, 3), (0, 2), (1, 1), \cdots\}$) ■

예제 4.1-4

$$\begin{cases} x+2y=-1 \text{ ——— ①} \\ 3x+4y=-1 \text{ ——— ②} \end{cases}$$

의 해를 역행렬을 이용하여 풀어라.

풀이 주어진 연립방정식을 행렬의 곱으로 표시하면,

$$AX=B,\ A=\begin{pmatrix} 1 & 2 \\ 3 & 4 \end{pmatrix}$$

일 때, 역행렬

$$A^{-1}=\frac{1}{4-6}\begin{pmatrix} 4 & -2 \\ -3 & 1 \end{pmatrix}=-\frac{1}{2}\begin{pmatrix} 4 & -2 \\ -3 & 1 \end{pmatrix}$$

임을 알게 된다.

따라서,

$$X=A^{-1}B=-\frac{1}{2}\begin{pmatrix} 4 & -2 \\ -3 & 1 \end{pmatrix}\begin{pmatrix} -1 \\ -1 \end{pmatrix}=-\frac{1}{2}\begin{pmatrix} 4\times(-1)+(-2)\times(-1) \\ -3\times(-1)+1\times(-1) \end{pmatrix}$$

$$=-\frac{1}{2}\begin{pmatrix} -2 \\ 2 \end{pmatrix}=\begin{pmatrix} 1 \\ -1 \end{pmatrix}$$

곧,

$x=1,\ y=-1$ 이다. ■

이차행렬의 역행렬은 쉽게 구할 수 있으나, 삼차 이상의 행렬의 역행렬을 구하는 것은 간단하지 않다. 그를 위해서 행렬식에 대해 필요한 정도만 공부하기로 한다.

n차 정방행렬

$$A=\begin{pmatrix} a_{11} & a_{12} & \cdots & a_{1n} \\ a_{21} & a_{22} & \cdots & a_{2n} \\ \vdots & \vdots & \vdots & \vdots \\ a_{n1} & a_{n2} & \cdots & a_{nn} \end{pmatrix}$$

에 대한 행렬식(determinant) $|A|$를 다음과 같이 정의한다.

① $A=(a)$일 때, $|A|=|a|=a$

② $$|A|=\begin{vmatrix} a_{11} & a_{12} & \cdots & a_{1n} \\ a_{21} & a_{22} & \cdots & a_{2n} \\ \vdots & \vdots & \vdots & \vdots \\ a_{n1} & a_{n2} & \cdots & a_{nn} \end{vmatrix}=\sum_{j=1}^{n} a_{ij}(-1)^{i+j}|M_{ij}(A)|=\sum_{j=1}^{n} a_{ij}A_{ij}$$

(제 i행을 중심으로 한 경우)

(어느 행 또는 열을 중심으로 해도 됨)

(여기서 $|M_{ij}(A)|$는 행렬 A에서 i행과 j열을 제외한 $(n-1)$차의 소행렬식이다. 또, $A_{ij}=(-1)^{i+j}|M_{ij}(A)|$로써, $(i,\ j)$-여인수(cofactor)라고 한다.)

참고

[예제 4.1-5], [예제 4.1-6]에서 구한 2차, 3차의 행렬식의 값은 아래의 그림을 참고하면 쉽게 얻을 수 있다. 이와 같은 방법을 Sarrus의 방법이라 한다. 그러나 이 방법은 4차 이상의 행렬식의 값을 구하는 데는 적용할 수 없음에 유의하여야 겠다.

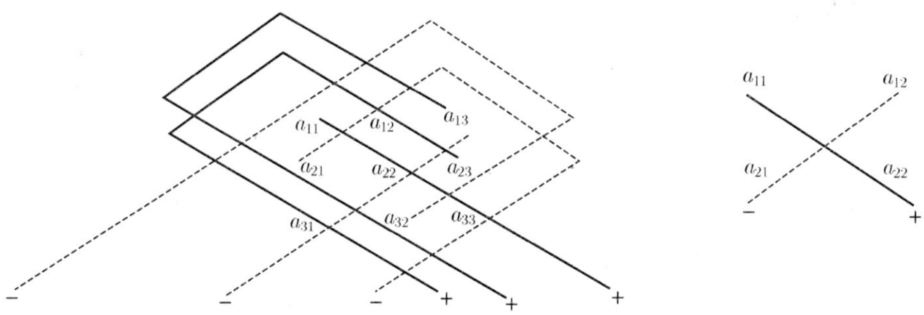

그림 4-1

예제 4.1-5

다음 행렬의 행렬식을 구하여라.

(1) $\begin{pmatrix}1 & 2\\3 & 4\end{pmatrix}$ (2) $\begin{pmatrix}2 & 1 & 1\\4 & -6 & 0\\-2 & 7 & 2\end{pmatrix}$

풀이 (1) $\begin{vmatrix}1 & 2\\3 & 4\end{vmatrix}=1\times(-1)^{1+1}\times|4|+2\times(-1)^{1+2}\times|3|$

$=1\times4-2\times3$ (단, 여기서 $|4|=4,\ |3|=3$이다.)

$=4-6=-2$

(일반적으로 2차 행렬식은 $\begin{vmatrix}a & b\\c & d\end{vmatrix}=ad-bc$가 된다.)

(2)(제2행을 중심으로 한 계산의 예)

$$\begin{vmatrix} 2 & 1 & 1 \\ 4 & -6 & 0 \\ -2 & 7 & 2 \end{vmatrix} = 4\times(-1)^{2+1}\times\begin{vmatrix} 1 & 1 \\ 7 & 2 \end{vmatrix} + (-6)\times(-1)^{2+2}$$

$$\times\begin{vmatrix} 2 & 1 \\ -2 & 2 \end{vmatrix} + 0\times(-1)^{2+3}\times\begin{vmatrix} 2 & 1 \\ -2 & 7 \end{vmatrix}$$

$$= -4(2-7) - 6(4+2) + 0 = -16$$

(행렬식의 계산은 어느 행 또는 열을 중심으로 하여도 모두 같다.) ■

예제 4.1-6

다음 행렬의 행렬식을 계산하여라.

$$A = \begin{pmatrix} 1 & 0 & 1 \\ 2 & 1 & 2 \\ 0 & 4 & 6 \end{pmatrix}$$

풀이 소행렬 $M_{11}(A)$, $M_{12}(A)$, $M_{13}(A)$는 각각

$$\begin{pmatrix} 1 & 2 \\ 4 & 6 \end{pmatrix}, \begin{pmatrix} 2 & 2 \\ 0 & 6 \end{pmatrix}, \begin{pmatrix} 2 & 1 \\ 0 & 4 \end{pmatrix}$$

이므로 구하는 행렬식은

$$|A| = 1\cdot\begin{vmatrix} 1 & 2 \\ 4 & 6 \end{vmatrix} - 0\cdot\begin{vmatrix} 2 & 2 \\ 0 & 6 \end{vmatrix} + 1\cdot\begin{vmatrix} 2 & 1 \\ 0 & 4 \end{vmatrix} = 6$$

이다. ■

예제 4.1-7

다음 행렬의 행렬식의 값을 구하여라.

$$A = \begin{pmatrix} 1 & 2 & -1 & 3 \\ 0 & 1 & 4 & 2 \\ 0 & 1 & 0 & 4 \\ 1 & 0 & 2 & 1 \end{pmatrix}$$

풀이 첫째 행의 각 원소에 대응하는 소행렬을 구하고 여인수 전개를 하면

$$|A| = 1\cdot\begin{vmatrix} 1 & 4 & 2 \\ 1 & 0 & 4 \\ 0 & 2 & 1 \end{vmatrix} - 2\cdot\begin{vmatrix} 0 & 4 & 2 \\ 0 & 0 & 4 \\ 1 & 2 & 1 \end{vmatrix} - 1\cdot\begin{vmatrix} 0 & 1 & 2 \\ 0 & 1 & 4 \\ 1 & 0 & 1 \end{vmatrix} - 3\cdot\begin{vmatrix} 0 & 1 & 4 \\ 0 & 1 & 0 \\ 1 & 0 & 2 \end{vmatrix}$$

$$= (-8-4+4) - 2\cdot(16) - 1(4-2) - 3(-4)$$

$$= -30$$ ■

예제 4.1-8

[예제 4.1-5]와 [예제 4.1-6]에 주어진 행렬에 대하여 Sarrus 방법으로 행렬식을 계산하여라.

풀이

$$\begin{vmatrix} 1 & 2 \\ 3 & 4 \end{vmatrix} = 1 \cdot 4 - 2 \cdot 3 = 4 - 6 = -2$$

$$\begin{aligned} \begin{vmatrix} 1 & 0 & 1 \\ 2 & 1 & 2 \\ 0 & 4 & 6 \end{vmatrix} &= 1 \cdot 1 \cdot 6 + 0 \cdot 2 \cdot 0 + 1 \cdot 2 \cdot 4 - 1 \cdot 1 \cdot 0 - 0 \cdot 2 \cdot 6 - 1 \cdot 2 \cdot 4 \\ &= 6 + 8 - 8 \\ &= 6 \end{aligned}$$

■

■ 행렬식의 기본 성질

n차 정방행렬 A, B에 대하여,

(1) $|A| = |A^t|$ (여기서 A^t는 A의 전치행렬로서 행과 열을 서로 바꾸어 얻어진 행렬이다)

(2) 만약 B가 A의 한 행에 α를 곱하여 얻은 행렬이라면,

$$|B| = \alpha |A|$$

(3) 만약 B가 A의 한 행에 상수배 하여 다른 행에 더하여 얻은 행렬이라면,

$$|A| = |B|$$

(4) 만약 B가 A의 어느 두 행을 교환하여 얻은 행렬이라면,

$$|B| = -|A|$$

(5) 만약 A의 두 행이 서로 같으면,

$$|A| = 0$$

(6) 만약 한 행의 원소가 전부 0이면,

$$|A| = 0$$

(7) $|AB| = |A||B|$

위의 내용 중에서 (1)은 행과 열을 교환하여 얻은 전치행렬 A^t와 A의 행렬식의 값이 일치함을 의미한다. 따라서 정리의 (2)-(6)에서 행을 열로 바꾸어도 성립함을 알 수 있다.

실제로 행렬식을 계산할 때 위의 성질을 적절히 사용하면 계산량을 상당히 줄일 수 있다.

예제 4.1-9

다음 행렬식을 위 성질들을 이용하여 계산하여라.

(1) $\begin{vmatrix} 5 & 3 & -4 \\ -2 & 7 & 7 \\ 0 & 0 & 1 \end{vmatrix}$ (2) $\begin{vmatrix} 3 & 1 & 7 \\ 0 & 2 & 1 \\ 3 & 4 & -1 \end{vmatrix}$

풀이 (1) 둘째 행과 셋째 행을 교환한다.

$$\begin{vmatrix} 5 & 3 & -7 \\ -2 & 7 & 7 \\ 0 & 0 & 1 \end{vmatrix} = -1\begin{vmatrix} 5 & 3 & -4 \\ 0 & 0 & 1 \\ -2 & 7 & 9 \end{vmatrix}$$

첫째 행과 둘째 행을 교환한다.

$$= (-1)^2\begin{vmatrix} 0 & 0 & 1 \\ 5 & 3 & -4 \\ -2 & 7 & 9 \end{vmatrix}$$

첫째 행에 관하여 여인수 전개를 한다.

$$= 1 \cdot 1(-1)^{1+3}\begin{vmatrix} 5 & 3 \\ -2 & 7 \end{vmatrix}$$

$$= 35 + 6 = 41$$

(2) 첫째 행에 −1을 곱하여 셋째 행에 더한다.

$$\begin{vmatrix} 3 & 1 & 7 \\ 0 & 2 & 1 \\ 3 & 4 & -1 \end{vmatrix} = \begin{vmatrix} 3 & 1 & 7 \\ 0 & 2 & 1 \\ 0 & 3 & -8 \end{vmatrix}$$

행렬을 전치시킨다.

$$= \begin{vmatrix} 3 & 0 & 0 \\ 1 & 2 & 3 \\ 7 & 1 & -8 \end{vmatrix}$$

첫째 행에 관한 여인수 전개를 한다.

$$= 3 \cdot (-1)^{1+1}\begin{vmatrix} 2 & 3 \\ 1 & -8 \end{vmatrix}$$

$$= 3(-16-3)$$

$$= -57$$

예제 4.1-10

3차 행렬 $A=(a_{ij})=\begin{pmatrix} a_{11} & a_{12} & a_{13} \\ a_{21} & a_{22} & a_{23} \\ a_{31} & a_{32} & a_{33} \end{pmatrix}$에 대하여 다음을 증명하여라.

(1) $a_{11}A_{21}+a_{12}A_{22}+a_{13}A_{23}=0$

(2) $a_{11}A_{31}+a_{12}A_{32}+a_{13}A_{33}=0$

풀이 (1)과 (2)의 경우는 증명과정이 유사하므로 (1)만 밝혀보자.
(1)식의 여인수는 제2행을 중심으로 본 것이다. 즉, (1)은 행렬 A의 제2행의 성분이 $(a_{11},\ a_{12},\ a_{13})$인 경우의 행렬식인 셈이다.

즉, (1)의 좌변$=\begin{vmatrix} a_{11} & a_{12} & a_{13} \\ a_{11} & a_{12} & a_{13} \\ a_{31} & a_{32} & a_{33} \end{vmatrix} \underset{(-1)R_1+R_2}{=} \begin{vmatrix} a_{11} & a_{12} & a_{13} \\ 0 & 0 & 0 \\ a_{31} & a_{32} & a_{33} \end{vmatrix}=0$

(행렬식의 두 행의 성분이 서로 같으면, 행렬식의 값은 0이다.) ■

위의 [예 4.1-10]과 행렬식의 정의에 의하여, 3차 행렬 $A=(a_{ij})$의 역행렬을 다음과 같이 생각할 수 있다.

$$\begin{pmatrix} a_{11} & a_{12} & a_{13} \\ a_{21} & a_{22} & a_{23} \\ a_{31} & a_{32} & a_{33} \end{pmatrix}\begin{pmatrix} A_{11} & A_{21} & A_{31} \\ A_{12} & A_{22} & A_{32} \\ A_{13} & A_{23} & A_{33} \end{pmatrix}=\begin{pmatrix} |A| & 0 & 0 \\ 0 & |A| & 0 \\ 0 & 0 & |A| \end{pmatrix}=|A|\times\begin{pmatrix} 1 & 0 & 0 \\ 0 & 1 & 0 \\ 0 & 0 & 1 \end{pmatrix}$$

따라서, $|A|\neq 0$이면, 행렬 A는 역행렬을 가지며, 역행렬은

$$A^{-1}=\frac{1}{|A|}\begin{pmatrix} A_{11} & A_{21} & A_{31} \\ A_{12} & A_{22} & A_{32} \\ A_{13} & A_{23} & A_{33} \end{pmatrix}$$

이다.

예제 4.1-11

역행렬을 이용하여 다음의 방정식을 풀어라.

$$\begin{cases} x+2y+z=1 \\ 4x+9y+6z=7 \\ -2x+7z=12 \end{cases}$$

풀이 계수행렬을

$$A=\begin{pmatrix} 1 & 2 & 1 \\ 4 & 9 & 6 \\ -2 & 0 & 7 \end{pmatrix}$$

이라 할 때, $|A|=1(\neq 0)$이므로 A는 역행렬을 갖는다. 또,

$$X=\begin{pmatrix} x \\ y \\ z \end{pmatrix},\ B=\begin{pmatrix} 1 \\ 7 \\ 12 \end{pmatrix}$$

라 할 때, 주어진 식은 $AX=B$ $\therefore$ $X=A^{-1}B$이다. 그런데

$$A^{-1}=\frac{1}{|A|}\begin{pmatrix} A_{11} & A_{21} & A_{31} \\ A_{12} & A_{22} & A_{32} \\ A_{13} & A_{23} & A_{33} \end{pmatrix}=1\times\begin{pmatrix} A_{11} & A_{21} & A_{31} \\ A_{12} & A_{22} & A_{32} \\ A_{13} & A_{23} & A_{33} \end{pmatrix}$$

여기에서 각 여인수 A_{ij}를 구해보면 다음과 같다.

$$A_{11}=(-1)^{1+1}\begin{vmatrix} 9 & 6 \\ 0 & 7 \end{vmatrix}=63$$

$$A_{12}=(-1)^{1+2}\begin{vmatrix} 4 & 6 \\ -2 & 7 \end{vmatrix}=-40$$

$$A_{13}=(-1)^{1+3}\begin{vmatrix} 4 & 9 \\ -2 & 0 \end{vmatrix}=18$$

$$A_{21}=(-1)^{1+2}\begin{vmatrix} 2 & 1 \\ 0 & 7 \end{vmatrix}=-14$$

$$A_{22}=(-1)^{2+2}\begin{vmatrix} 1 & 1 \\ -2 & 7 \end{vmatrix}=9$$

$$A_{23}=(-1)^{2+3}\begin{vmatrix} 1 & 2 \\ -2 & 0 \end{vmatrix}=-4$$

$$A_{31}=(-1)^{3+1}\begin{vmatrix} 2 & 1 \\ 9 & 6 \end{vmatrix}=3$$

$$A_{32}=(-1)^{3+2}\begin{vmatrix} 1 & 1 \\ 4 & 6 \end{vmatrix}=-2$$

$$A_{33}=(-1)^{3+3}\begin{vmatrix} 1 & 2 \\ 4 & 9 \end{vmatrix}=1$$

즉,

$$A^{-1}=\begin{pmatrix} 63 & -14 & 3 \\ -40 & 9 & -2 \\ 18 & -4 & 1 \end{pmatrix}$$이고

따라서 $X=A^{-1}B$, $\begin{pmatrix} x \\ y \\ z \end{pmatrix}=\begin{pmatrix} 63 & -14 & 3 \\ -40 & 9 & -2 \\ 18 & -4 & 1 \end{pmatrix}\begin{pmatrix} 1 \\ 7 \\ 12 \end{pmatrix}$

$=\begin{pmatrix} 1 \\ -1 \\ 2 \end{pmatrix}$이다. 곧, $x=1$, $y=-1$, $z=2$이다.

한편 $X = A^{-1}B$식을 다음과 같이 볼 수 있는데, 이로써 매우 간결하고 유용한 결과를 얻게된다.

$$\begin{pmatrix} x \\ y \\ z \end{pmatrix} = \frac{1}{|A|}\begin{pmatrix} A_{11} & A_{21} & A_{31} \\ A_{12} & A_{22} & A_{32} \\ A_{13} & A_{23} & A_{33} \end{pmatrix}\begin{pmatrix} 1 \\ 7 \\ 12 \end{pmatrix} = \begin{pmatrix} 1A_{11} + 7A_{21} + 12A_{31} \\ 1A_{12} + 7A_{22} + 12A_{32} \\ 1A_{13} + 7A_{23} + 12A_{33} \end{pmatrix}$$

이다.

따라서,

$$x = A_{11} + 7A_{21} + 12A_{31} = \begin{vmatrix} 1 & 2 & 1 \\ 7 & 9 & 6 \\ 12 & 0 & 7 \end{vmatrix} = 1$$

(이 행렬식은 계수행렬 A의 1열(미지수 x의 계수열)을 B로 바꾸어 만든 행렬의 행렬식이다.)

$$y = A_{12} + 7A_{22} + 12A_{32} = \begin{vmatrix} 1 & 1 & 1 \\ 4 & 7 & 6 \\ -2 & 12 & 7 \end{vmatrix} = -1$$

(이 행렬식은 계수행렬 A의 2열(미지수 y의 계수열)을 B로 바꾸어 만든 행렬의 행렬식이다.)

$$z = A_{13} + 7A_{23} + 12A_{33} = \begin{pmatrix} 1 & 2 & 1 \\ 4 & 9 & 7 \\ -2 & 0 & 12 \end{pmatrix} = 2$$

(이 행렬식은 계수행렬 A의 3열(미지수 z의 계수열)을 B로 바꾸어 만든 행렬의 행렬식이다.) ■

위의 [예 4.1-11]에서 본 내용을 정리하면 다음과 같이 말할 수 있다. 즉, 구하는 해는 순서대로 계수행렬의 열을 하나씩 B로 바꾸어 만든 행렬의 행렬식을 계수행렬의 행렬식으로 나눈 값과 같다. 이것을 크라머(Cramer)의 법칙이라고 하고, 이를 일반적으로 나타내면 다음과 같다.

계수로 된 행렬 A, 미지수로 된 행렬 X, 상수로 된 행렬 B을 각각

$$A = \begin{pmatrix} a_{11} & a_{12} & \cdots & a_{1n} \\ a_{21} & a_{22} & \cdots & a_{2n} \\ \vdots & \vdots & \vdots & \vdots \\ a_{n1} & a_{n2} & \cdots & a_{nn} \end{pmatrix}, \quad X = \begin{pmatrix} x_1 \\ x_2 \\ \vdots \\ x_n \end{pmatrix}, \quad B = \begin{pmatrix} b_1 \\ b_2 \\ \vdots \\ b_n \end{pmatrix}$$
이라 하고,

$|A| \neq 0$이라 할 때, n개의 미지수에 관한 연립일차방정식 $AX = B$의 해는

$x_i = \frac{1}{|A|}$ $|A$의 i열을 B로 바꾼 행렬의 행렬식$|$, $(i = 1, 2, 3, \cdots, n)$이다.

예제 4.1-12

크라머의 법칙을 이용하여 다음 연립방정식을 풀어라.

$$\begin{cases} x+y+z=2 \\ 2x+y+3z=9 \\ -x+2y+z=-2 \end{cases}$$

풀이 $A=\begin{pmatrix} 1 & 1 & 1 \\ 2 & 1 & 3 \\ -1 & 2 & 1 \end{pmatrix}$, $X=\begin{pmatrix} x \\ y \\ z \end{pmatrix}$, $B=\begin{pmatrix} 2 \\ 9 \\ -2 \end{pmatrix}$라 놓을 때, $|A|=-5$이므로

$$x=-\frac{1}{5}\times\begin{vmatrix} 2 & 1 & 1 \\ 9 & 1 & 3 \\ -2 & 2 & 1 \end{vmatrix}=1,$$

$$y=-\frac{1}{5}\times\begin{vmatrix} 1 & 2 & 1 \\ 2 & 9 & 3 \\ -1 & -2 & 1 \end{vmatrix}=-2,$$

$$z=-\frac{1}{5}\times\begin{vmatrix} 1 & 1 & 2 \\ 2 & 1 & 9 \\ -1 & 2 & -2 \end{vmatrix}=3$$

이다. ■

예제 4.1-13

영어의 알파벳에 자연수가 다음과 같이 대응되었다.

A	B	C	D	E	F	G	H	I	J	K	L	M	N
1	2	3	4	5	6	7	8	9	10	11	12	13	14
O	P	Q	R	S	T	U	V	W	X	Y	Z	*	
15	16	17	18	19	20	21	22	23	24	25	26	27	

어느 날 갑의 진지에서 을의 진지로 다음과 같은 암호문이 전달되었다

$$\begin{pmatrix} 44 & 19 & 55 & 56 & 63 & 55 & 25 & 43 \\ 67 & 32 & 75 & 78 & 64 & 30 & 60 & 89 \end{pmatrix}$$

그 내용을 판독하여라. 그 날의 암호키는 $\Delta=\begin{pmatrix} 2 & 1 \\ 1 & 3 \end{pmatrix}$이었다.

풀이 판독할 내용을 Γ라고 하면

$$\Delta\Gamma=\begin{pmatrix} 44 & 19 & 55 & 56 & 63 & 55 & 25 & 43 \\ 67 & 32 & 75 & 78 & 64 & 30 & 60 & 89 \end{pmatrix}$$

암호키 Δ로부터

$$|\Delta| = 2\times 3 - 1 = 5(\neq 0)$$

이고 그의 역행렬은 다음과 같다.

$$\Delta^{-1} = \frac{1}{5}\begin{pmatrix} 3 & -1 \\ -1 & 2 \end{pmatrix}$$

따라서

$$\begin{aligned} \Gamma &= \Delta^{-1}\begin{pmatrix} 44 & 19 & 55 & 56 & 63 & 55 & 25 & 43 \\ 67 & 32 & 75 & 78 & 64 & 30 & 60 & 89 \end{pmatrix} \\ &= \frac{1}{5}\begin{pmatrix} 3 & -1 \\ -1 & 2 \end{pmatrix}\begin{pmatrix} 44 & 19 & 55 & 56 & 63 & 55 & 25 & 43 \\ 67 & 32 & 75 & 78 & 64 & 30 & 60 & 89 \end{pmatrix} \\ &= \frac{1}{5}\begin{pmatrix} 65 & 25 & 90 & 90 & 125 & 135 & 15 & 40 \\ 90 & 45 & 95 & 100 & 65 & 5 & 95 & 135 \end{pmatrix} \\ &= \begin{pmatrix} 13 & 5 & 18 & 18 & 25 & 27 & 3 & 8 \\ 18 & 9 & 19 & 20 & 13 & 1 & 19 & 27 \end{pmatrix} \end{aligned}$$

가 된다.

이것을 대응되는 알파벳으로 바꾸면 MERRY*CHRISTMAS*로 판독된다. ■

예제 4.1-14

다음 연립일차방정식의 해 중 u의 값을 구하여라.

$$\begin{cases} -x-4y+2z+u=-32 \\ 2x-y+7z+9u=14 \\ -x+y+3z+u=11 \\ x-2y+z-4u=-4 \end{cases}$$

풀이 행렬 A의 행렬식

$$\begin{aligned} |A| &= \begin{vmatrix} -1 & -4 & 2 & 1 \\ 2 & -1 & 7 & 9 \\ -1 & 1 & 3 & 1 \\ 1 & -2 & 1 & -4 \end{vmatrix} \overset{(-1)R_1+R_3}{=\!=\!=} \begin{vmatrix} -1 & -4 & 2 & 1 \\ 2 & -1 & 7 & 9 \\ 0 & 5 & 1 & 0 \\ 1 & -2 & 1 & -4 \end{vmatrix} \\ &= 5\times(-1)^5\begin{vmatrix} -1 & 2 & 1 \\ 2 & 7 & 9 \\ 1 & 1 & -4 \end{vmatrix} + 1\times(-1)^6\begin{vmatrix} -1 & -4 & 1 \\ 2 & -1 & 9 \\ 1 & -2 & -4 \end{vmatrix} \\ &= -5(48+18)+(-44-49)=-423 \end{aligned}$$

크라머의 법칙을 써서 u를 구해 보자.

$$u = -\frac{1}{423}\begin{vmatrix} -1 & -4 & 2 & -32 \\ 2 & -1 & 7 & 14 \\ -1 & 1 & 3 & 11 \\ 1 & -2 & 1 & -4 \end{vmatrix} \overset{R_1+R_3}{=\!=} -\frac{1}{423}\begin{vmatrix} -1 & -4 & 2 & -32 \\ 2 & -1 & 7 & 14 \\ 0 & -1 & 4 & 7 \\ 1 & -2 & 1 & -4 \end{vmatrix}$$

$$= -\frac{1}{423}\left\{(-1)\times(-1)^5\begin{vmatrix} -1 & 2 & -32 \\ 2 & 7 & 14 \\ 1 & 1 & -4 \end{vmatrix} + 4\times(-1)^6 \right.$$

$$\left. \times\begin{vmatrix} -1 & -4 & -32 \\ 2 & -1 & 14 \\ 1 & -2 & -4 \end{vmatrix} + 7\times(-1)^7\begin{vmatrix} -1 & -4 & 2 \\ 2 & -1 & 7 \\ 1 & -2 & 1 \end{vmatrix}\right\}$$

$$= -\frac{1}{423}\{(-8+254)+4(68-92)-7(-35-4)\}$$

$$= \frac{1}{423}246-96+273 = 1$$

■

연습문제 4

Exercises

1. $A=\begin{pmatrix}2 & 1 & 5\\ 1 & 3 & 2\end{pmatrix}$, $B=\begin{pmatrix}3 & 4\\ -1 & 2\\ 2 & 1\end{pmatrix}$이다. AB를 구하여라.

2. $X=(2\ \ -1\ \ 3\ \ 5)\,Y=(3\ \ -1\ \ 2\ \ 1)$이다. XY^t를 구하여라.

3. 행렬식 $\begin{vmatrix}1 & a & b+c\\ 1 & b & c+a\\ 1 & c & a+b\end{vmatrix}$의 값을 구하여라.

4. 다음 행렬의 행렬식을 구하여라.

$$A=\begin{pmatrix}a_{11} & 0 & 0 & 0\\ a_{21} & a_{22} & 0 & 0\\ a_{31} & a_{32} & a_{33} & 0\\ a_{41} & a_{42} & a_{43} & a_{44}\end{pmatrix}$$

5. 다음 연립방정식을 풀어라.

(1) $\begin{cases}x+2y+3z=14\\ 2x-3y+2z=2\\ 3x+y-z=2\end{cases}$

(2) $\begin{cases}x+y+z=-1\\ 4y+yz=6\\ y+z=1\end{cases}$

6. 역행렬을 이용하여 다음 연립일차방정식을 풀어라.

(1) $\begin{cases} 3x - y = 11 \\ 5x + 7y = 1 \end{cases}$

(2) $\begin{cases} 2x + 5y = 1 \\ x + 3y = 0 \end{cases}$

7. [예 4.1-13]과 같은 조건에서 전달된 암호문

$$\begin{pmatrix} 25 & 20 & 52 & 40 & 54 & 55 & 29 \\ 35 & 55 & 76 & 40 & 37 & 30 & 77 \end{pmatrix}$$

을 판독하여라.

❖ 메모

CHAPTER 05

정수의 합동과 그 응용

정수의 합동 개념은 일상생활 속에서 자주 만나는 그런 개념이다. 달력, 시계, 일년 365일 등등의 것들이 바로 그렇다. 이 합동 개념은 독일의 수학자 가우스(Karl Friedrich Gauss, 1777~1855)가 19세기 초에 처음 도입한 것으로 알려져 있다.

합동의 정의

양의 정수 m과 정수 a, b에 대하여 m이 $a-b$의 약수일 때, 즉 $m|(a-b) \Leftrightarrow a-b=km$ (k;정수)일 때, a와 b를 법m에 대하여 합동이라 하고, 기호로는 다음과 같이 나타낸다. $a \equiv b \pmod{m}$.

임의의 정수 a를 양의 정수 m으로 나누었을 때의 몫을 q, 나머지를 r이라 하면

$$a = qm + r \quad (0 \le r < m)$$

이다.

$a - r = qm$이므로 $m|(a-r)$, 즉 $a \equiv r \pmod{m}$이다. 그러므로 임의의 정수는 0, 1, 2, ⋯, $m-1$ 중 어떤 하나와 법 m에 대하여 합동이다.

따라서, $a \equiv b \pmod{m}$은 a와 b를 각각 m으로 나눈 나머지가 같다는 것을 의미한다.

합동의 가장 기본적인 성질은 다음과 같다.

합동의 기본 성질

임의의 정수 a, b, c, d와 양의 정수 m, n, k에 대하여

1) $a \equiv a \pmod m$
2) $a \equiv b \pmod m$이면, $b \equiv a \pmod m$
3) $a \equiv b \pmod m$이고, $b \equiv c \pmod m$이면, $a \equiv c \pmod m$
4) $a \equiv b \pmod m$이면, $a \pm c \equiv b \pm c \pmod m$(복부호 동순) $ac \equiv bc \pmod m$
5) $a \equiv b \pmod m$이고, $c \equiv d \pmod m$이면,
   $a \pm c \equiv b \pm d \pmod m$(복호동순)
   $ac \equiv bd \pmod m$
6) $a \equiv b \pmod m$이면, $a^k \equiv b^k \pmod m$
7) $a \equiv b \pmod m$이고, $n|m$이면, $a \equiv b \pmod n$
8) $a \equiv b \pmod m$이고, $c > 0$이면, $ac \equiv bc \pmod{mc}$
9) $ac \equiv bc \pmod m$이고, $(c,\ m) = d$이면, $a \equiv b\left(\mathrm{mod}\ \dfrac{m}{d}\right)$
10) $a \equiv b \pmod m$이고, $d|a$, $d|b$, $d|m$, $d > 0$이면, $\dfrac{a}{d} \equiv \dfrac{b}{d}\left(\mathrm{mod}\ \dfrac{m}{d}\right)$

증명 6), 7), 8), 9), 10)만 증명하기로 한다.

6) $a \equiv b \pmod m$이면 $m|(a-b)$이다. 또, $k \geq 2$일 때,

$$a^k - b^k = (a-b)(a^{k-1} + a^{k-2}b + \cdots\cdots + ab^{k-2} + b^{k-1})$$

이므로

$$m|(a^k - b^k)$$

이다.

따라서, $a^k \equiv b^k \pmod m$이다.

7) $a \equiv b \pmod m$이면 $m|(a-b)$이다. 또, $n|m$이면 약수와 배수의 관계에서 $n|(a-b)$가 된다.

따라서, $a \equiv b \pmod n$이다.

8) $a \equiv b \pmod m$이면, $m|(a-b)$이다. $c > 0$이면 $mc > 0$이고

$mc|(a-b)c = ac-bc$이므로

$ac \equiv bc \pmod{mc}$이다.

9) $ac \equiv bc \pmod{m}$이면 $m|(ac-bc)=(a-b)c$이고, $(a-b)c = km(*)$인 정수 k가 존재한다. 한편 $(c,\ m)=d$이므로

$$\left(\frac{c}{d},\ \frac{m}{d}\right) = 1\text{이다.}$$

(*)로부터

$$(a-b)\frac{c}{d} = k\frac{m}{d},\ \text{즉}\ \frac{m}{d}\left|\frac{c}{d}(a-b)\right.$$

이다.

따라서,

$$\frac{m}{d}|(a-b),\ \text{즉}\ a \equiv b\left(\text{mod}\ \frac{m}{d}\right)$$

이다.

10) $a \equiv b \pmod{m}$이면 $m|(a-b)$이다.

$d|a$이면 $a = dd_1$, $d|b$이면 $b = dd_2$, $d|m$이면

$m = dd_3$이므로 $dd_3|d(d_1-d_2)$이다.

따라서, $d_3|(d_1-d_2)$이다.

그런데

$$d_1 = \frac{a}{d},\ d_2 = \frac{b}{d},\ d_3 = \frac{m}{d}$$

이므로

$$\frac{m}{d}\left|\frac{a}{d}-\frac{b}{d}\right.\text{이다.}$$

따라서,

$$\frac{a}{d} = \frac{b}{d}\left(\text{mod}\ \frac{m}{d}\right)$$

이다. ■

예제 5.1-1

어느 해의 3월 달력이 오른쪽과 같다고 한다. 그 해의 여름방학이 6월 14일부터 시작한다고 한다. 그 날은 무슨 요일인가?

3월

일	월	화	수	목	금	토
		1	2	3	4	5
6	7	8	9	10	11	12
13	14	15	16	17	18	19
20	21	22	23	24	25	26
27	28	29	30	31		

풀이 3월 달력을 살펴보면, 월요일의 날짜 m은 $m \equiv 0 \pmod 7$이고 화요일의 날짜 t는 $t \equiv 1 \pmod 7$, ⋯, 일요일의 날짜 s은 $s \equiv 6 \pmod 7$이 됨을 알 수 있다. 주어진 3월 1일부터 6월 14일까지의 날 수를 계산하면 31+30+31+14=106이 된다. 이제 $106 \equiv x \pmod 7$을 계산하면 된다. $106 \equiv 1 \pmod 7$임을 알게 된다(7로 나눈 나머지).

그러므로 6월 14일은 화요일이다. ■

■ 합동식의 응용

1) 특별한 수의 배수 판정

우리는 실제 계산을 하지 않고, 수

$$P = a_k 10^k + a_{k-1} 10^{k-1} + \cdots + a_1 10 + a_0 \quad (0 \le a_1 \le 9)$$

가 어떤 특별한 수로 나누어지는지를 합동식을 사용하여 쉽게 판정하는 방법에 대하여 알아보자.

예제5.1-2 [2^j, 5^j $(1 \le j \le k)$의 배수판정]

$P = a_k 10^k + a_{k-1} 10^{k-1} + \cdots + a_1 10 + a_0$, $(0 \le a_i \le 9)$는 각 $j (1 \le j \le k)$에 대하여 다음이 성립한다.

① $P \equiv a_{j-1}a_{j-2} \cdots a_1a_0 \pmod{2^j}$

(단, $a_{j-1}a_{j-2} \cdots a_1a_0$는 10진법에 의한 자리수의 나열임)

② $P \equiv a_{j-1}a_{j-2} \cdots a_1a_0 \pmod{5^j}$

풀이 $10 \equiv 0 \pmod 2$이므로 각 $j(1 \le j \le k)$에 대하여 $10^j \equiv 0 \pmod{2^j}$이다.

따라서,

$$\begin{aligned} P &= a_k10^k + a_{k-1}10^{k-1} + \cdots + a_j10^j + a_{j-1}10^{j-1} + \cdots a_110 + a_0 \\ &\equiv 0 + 0 + \cdots + 0 + a_{j-1}10^{j-1} + \cdots + a_110 + a_0 \pmod{2^j} \text{이다.} \end{aligned}$$

그러므로

$$P \equiv a_{j-1}a_{j-2} \cdots a_1a_0 \pmod{2^j}$$

이다.

마찬가지로 $10 \equiv 0 \pmod 5$이므로 각 $j(1 \le j \le k)$에 대하여 $10^j \equiv 0 \pmod{5^j}$가 되어 $P \equiv a_{j-1}a_{j-2} \cdots a_1a_0 \pmod{5^j}$이다. ■

위의 [예제 5.1-2]에 의하면 P의 끝자리 수 a_0가 2(5)로 나누어지면 P는 2(5)로 나누어지고, P의 끝 두자리 수 a_1a_0가 $2^2(5^2)$으로 나누어지면 P는 $2^2(5^2)$으로 나누어진다는 것이다.

일반적으로 나누어지면 P의 끝 j자리 수 $a_{j-1}a_{j-2} \cdots a_1a_0$가 $2^j(5^j)$의 배수이면 P는 $2^j(5^j)$의 배수임을 알 수 있다.

예제 5.1-3

① $P = 32688048$이라 하자. 끝 두 자리 48이 2^2의 배수이므로 $2^2|P$임을 알 수 있고, … 끝 네 자리 8048이 2^4의 배수이므로 $16|P$가 된다. 그러나 $2^5 \nmid 88048$이므로 $32 \nmid P$이다.

② $Q = 15535375$에서, 끝 세 자리 375가 5^3의 배수이므로 $125|Q$가 됨을 알 수 있다. ■

예제 5.1-4 [3 또는 9의 배수판정]

$$P = a_k 10^k + a_{k-1} 10^{k-1} + \cdots + a_1 10 + a_0, \ (0 \le a_i \le 9)$$

이고

$$S = a_k + a_{k-1} + \cdots + a_1 + a_0$$

라고 할 때, 다음이 성립한다.

$$3|P \Leftrightarrow 3|S, \ 9|P \Leftrightarrow 9|S$$

풀이 $10 \equiv 1 (\text{mod } 3)$이므로 $10^j \equiv 1^j (\text{mod } 3)$, 따라서

$$\begin{aligned} P &= a_k 10^k + a_{k=1} 10^{k-1} + \cdots + a_1 10 + a_0 \\ &\equiv a_k 1 + a_{k-1} 1 + \cdots + a_1 1 + a_0 (\text{mod } 3) \end{aligned}$$

즉 $3|P \Leftrightarrow 3|S$이다.

한편 $10 \equiv 1 (\text{mod } 9)$이므로 마찬가지로 두 번째 성질도 성립한다.

즉 $9|P \Leftrightarrow 9|S$이다. ■

예제 5.1-5

$P = 412785$라 하자. $S = 4+1+2+7+8+3+5 = 30$이고

$3|S$이므로 $3|P$이다. 그러나 $9 \nmid 30$이므로 P는 9의 배수는 아니다. ■

예제 5.1-6 [11의 배수판정]

$P = a_k 10^k + a_{k-1} 10^{k-1} + \cdots + a_1 10 + a_0, \ (0 \le a_i \le 9)$이고

$T = a_0 - a_1 + a_2 - \cdots + (-1)^k a_k$라고 할 때, 다음이 성립한다.

$$11|P \Leftrightarrow 11|T$$

풀이 $10 \equiv -1 \pmod{11}$이므로 $10^j \equiv (-1)^j \pmod{11}$이다. 따라서

$$\begin{aligned} P &= a_k 10^k + a_{k1} 10^{k-1} + \cdots + a_1 10 + a_0 \\ &\equiv a_k(-1)^k + a_{k-1}(-1)^{k-1} + \cdots + a_1(-1) + a_0 \pmod{11} \\ &\equiv a_0 - a_1 + a_2 - \cdots + (-1)^k a_k \pmod{11} \end{aligned}$$

즉, $11|P \Leftrightarrow 11|T$이다. ■

예제 5.1-7

$P = 1571724$라 하자.

$$T = 4 - 2 + 7 - 1 + 7 - 5 + 1 = 11$$

이고, $11|T$이므로 $11|P$임을 알 수 있다. ■

2) 검사 숫자(check digits)

합동식은 숫자열의 오류를 검색하는데 종종 사용된다. 여권번호, 수표번호, ISBN을 확인하는 데 사용된 숫자열에 대한 오류 검사 방법으로 합동식이 사용된다.

(1) 여권번호 확인의 예 : 유럽 몇 국가에서 사용하는 것으로 알려진 예를 들어본다. 여권의 처음 여섯 자리 숫자열이 $x_1x_2x_3x_4x_5x_6$일 때, 검사숫자(check digits) x_7을 다음과 같이 정한다.

$$x_7 \equiv 7x_1 + 3x_2 + x_3 + 7x_4 + 3x_5 + x_6 \pmod{10},\ 0 \le x_7 \le 9$$

(여기에 사용된 수 7, 3, 1은 법 10과 서로 소라는 점에 유의)

예제 5.1-8

① 여권번호의 처음 여섯 자리수가 805237이라면, 검사 숫자 x_7은

$$x_7 \equiv 7 \times 8 + 3 \times 0 + 5 + 7 \times 2 + 3 \times 3 + 7 \equiv 1 \pmod{10}$$

이다.

따라서 이 여권번호는 8052371가 된다.

② 또, 여권번호를 옮겨 쓰면서 한 곳을 잘못 옮겨 썼을 경우에도 위의 식을 이용하여 번호가 틀렸음을 쉽게 알아낼 수 있다.

예를 들어, 여권번호 $x_1x_2x_3x_4x_5x_6$를 $y_1y_2y_3y_4y_5y_6$로 옮겨 쓰면서 x_j만을 틀리게 썼다고 하자. 즉,

$$y_j = x_j + a \quad (-10 < a < 10,\ a \neq 0)$$

이라 하자.

이 경우,

$$y_7 \equiv 7y_1 + 3y_2 + y_3 + 7y_4 + 3y_5 + y_6 \pmod{10}$$

을 계산하면

$$y_7 \equiv x_7 + a,\ y_7 \equiv x_7 + 3a,\ y_7 \equiv x_7 + 7a \pmod{10}$$

중 어느 하나가 될 것이다.

그런데 위의 어느 경우에도 $-10 < a < 10,\ a \neq 0$인 a에 대하여 $a \not\equiv 0 \pmod{10}$, $3a \not\equiv 0 \pmod{10}$, $7a \not\equiv 0 \pmod{10}$이므로 결과적으로 $y_7 \not\equiv x_7 \pmod{10}$임을 알게 되며, 옮긴 여권번호가 잘못되었음을 알게 된다. ■

(2) 도서번호 ISBN(International Standard Book Number) 검사의 예: 발행되는 도서에 부여되는 ISBN은 10개의 숫자부호로 정해진다.

즉, 어떤 책의 ISBN 번호인 89-7282-343-0에서 첫 블록은 이 책에서 사용하고 있는 언어가 한국어임을 의미하고, 두 번째 블록 7282는 출판사를 나타내며 다음 블록 343은 출판사가 정한 이 책의 고유번호이다. 끝의 0은 검사숫자로서 다음과 같은 방법으로 정해진 것이다.

$$1\times8+2\times9+3\times7+4\times2+5\times8+6\times2+7\times3+8\times4+9\times3=187$$

(여기에 사용된 수 1, 2, 3, 4, 5, 6, 7, 8, 9는 법11과 서로 소 이다)

즉, 어떤 책의 ISBN이 $x_1x_2 \cdots x_8x_9x_{10}$일 때, 처음 9개의 숫자는 0, 2, ⋯, 9 중의 하나이고, 검사숫자 x_{10}은 다음과 같이 정한다.

$$x_{10} \equiv \sum_{i=1}^{9} ix_i \pmod{11}, \quad 0 \le x_{10} \le 10$$

이 때, $x_{10} = 10$인 경우에는 $x_{10} = \text{X}$(여기에서 X는 로마숫자 10을 의미함)로 나타내기로 한다.

한편, 이와 같이 검사숫자 x_{10}을 정하면 다음이 성립한다.

$$\sum_{i=1}^{10} ix_i = \sum_{i=1}^{9} ix_i + 10x_{10} = x_{10} + 10x_{10} = 11x_{10} \equiv 0 \pmod{11}$$

예제 5.1-9

① 어떤 책의 ISBN의 처음 아홉개의 숫자가 3-540-19102일 때, 검사숫자 x_{10}은 다음과 같다.

$$\begin{aligned} x_{10} &= \sum_{i=1}^{9} ix_i \\ &= 1\times3+2\times5+3\times4+4\times0+5\times1+6\times9+7\times1+8\times0+9\times2 \\ &= 109 \equiv 10 \pmod{11} \end{aligned}$$

따라서, 이 책의 ISBN은 3-540-19102-X가 된다.

② 어떤 책의 ISBN $x_1x_2\cdots x_9x_{10}$을 인쇄하면서 x_j만 y_j로 잘못 인쇄하고 나머지 아홉 개의 숫자는 맞게하여 $y_1y_2\cdots y_9y_{10}$으로 인쇄하였다고 한다. 즉, 어떤 $j(1 \le j \le 10)$에 대하여 $i \ne j$인 경우에는 $y_i = x_i$이고 $y_j = x_j + a$, $(-10 < a < 10,\ a \ne 0)$이다.

이 때, $x_1x_2\cdots x_9x_{10}$은 맞는 ISBN이므로 $\sum_{i=1}^{10} ix_i \equiv 0 \pmod{11}$이고

$$\begin{aligned} \sum_{i=1}^{10} iy_i &= 1x_1 + 2x_2 + \cdots + jy_j + \cdots + 10x_{10} \\ &= x_1 + 2x_2 + \cdots + j(x_j + a) + \cdots + 10x_{10} \\ &= \sum_{i=1}^{10} ix_i + ja \\ &\equiv 0 + ja \pmod{11} \quad (\text{단, } 1 \le j \le 10) \end{aligned}$$

이 된다.

법 11은 소수이므로 $1 \le j \le 10$인 j에 대하여 $(11,\ j)=1$이고, $(-9 \le a \le 9,\ a \ne 0)$인 a에 대하여 $(11,\ a)=1$이므로 $(11,\ ja)=1$이다. 즉, $11 \nmid ja$이다. 따라서 $ja \not\equiv 0 \pmod{11}$임을 알 수 있다.

그러므로 $\sum_{i=1}^{10} iy_i \not\equiv 0 \pmod{11}$이 되는데, 이렇게 되면 $y_1y_2 \cdots y_9y_{10}$은 올바른 ISBN 번호가 아님을 알게 된다. ■

3) 구기법

정수의 덧셈, 뺄셈의 검산 방법 중에 틀린 답을 골라내는 재미있는 방법으로 구기법(9를 법으로 함)이라는 것이 있다. 구기법에 의한 검산방법은 다음 예와 같다.

(1) 287+152을 셈하였는데, 갑은 339로 을은 439라고 답하였다. 어느 것이 옳은 답인가? 알아보자.

$$\begin{array}{lll} 287 \to 2+8+7=17 \to 1+7 \to 8+\boxed{8}=16 \to 1+6=7 & & ① \\ \underline{+\ 152} \to 1+5+2=8 \nearrow & & \\ 339 \to 3+3+9=15 \to 1+5=6 & & ② \end{array}$$

①과 ②의 값이 같지 않은 것으로 보아 339는 주어진 덧셈의 답이 아니다.

(2) 543−167을 셈하였는데, 갑은 476이라 하고 을은 376이라 하였을 때 구기법으로 검산하여 보자. 뺄셈에 대한 구기법에서는 각 자리수를 더하여 한 자리수가 되었을 때, 빼어지는 수가 빼는 수보다 작으면 빼어지는 수에 9를 더해 주어 계산한다.

$$\begin{array}{lll} 543 \to 5+4+3=12 \to 1+2=3 \to 3-\boxed{5} \to (3+9)-5=7 & & ① \\ \underline{-\ 167} \to 1+6+7=14 \to 1+4=5 \nearrow & & \\ 476 \to 4+7+6=17 \to 1+7=8 & & ② \end{array}$$

①과 ②가 같지 않은 것으로 보아 476은 답이 아니다.

(구기법은 자리 수 $10 \equiv 1 \pmod 9$임을 이용한 것이다.)

4) 중국인의 나머지 정리

고대 중국인들에게 널리 알려진 "3으로 나누면 2가 남고 5로 나누면 3이 남고 7로 나누면 2가 남는 수를 구하라." 같은 문제의 풀이법에 관해 알아보자.

실제로 이 문제는 다음 연립일차합동식의 해를 구하는 것이다.

$$x \equiv 2 \pmod 3,\ x \equiv 3 \pmod 5,\ x \equiv 2 \pmod 7$$

아래 <중국인의 나머지 정리>를 위해 몇 개의 합동식과 관련된 내용이 필요하기 때문에 여기에 보조정리 1, 2, 3을 정리해 소개한다.

보조정리 1

일차합동식 $ax \equiv b \pmod m$은 $(a, m) = 1$이면, 단 한 개의 해를 가진다.(여기에서 (a, m) 두 정수 a, m의 최대공약수를 의미)

증명 주어진 조건 $(a, m) = 1$로부터 $as + mt = 1$인 정수 s, t가 존재한다.

(이유 : i) 일반적으로 다음이 성립한다.)

두 정수 a, b에 대하여 $ax + by(x,\ y \in Z)$꼴의 정수 전체의 집합을 $aZ + bZ$로 나타내자. 즉,

$$aZ + bZ = \{ax + by \mid x,\ y \in Z\}$$

이 때, a와 b의 최대공약수를 d라 하면 다음이 성립한다.

(1) $aZ + bZ = dZ$

(2) $d = as + bt$인 정수 s, t가 존재한다.

왜냐하면, $S = aZ + bZ$라고 하자. 분명히 $a \in aZ \subseteq S$이므로 $S \neq \phi$이다. 임의의 S의 두 원소 $ax + by$, $au + bv(x,\ y,\ u,\ v$는 정수$)$에 대하여

$$(ax + by) \pm (au + bv) = a(x \pm u) + b(y \pm v) \in S$$

이므로 집합 S는 덧셈과 뺄셈에 대하여 닫혀 있게 되는데, 이렇게 되면

$$S = dZ,\ d \geq 0$$

인 정수 d가 존재한다.

따라서 $d \in dZ = S$이므로 $d = as + bt$인 정수 s, t가 존재한다.

이제 d가 a와 b의 최대공약수임을 보기로 하자.

$$a \in aZ \subseteq dZ,\ b \in bZ \subseteq dZ$$

이므로 $a=dx$, $b=dy$(x, y는 정수)가 되어 $d|a$, $d|b$이다. 즉, d는 a와 b의 공약수이다. 한편 a와 b의 다른 공약수 e가 있어 $e|a$, $e|b$라면 $e|(as+bt)=d$이므로 d는 a와 b의 최대공약수이다.

따라서 다음의 두 명제는 동치명제이다.

(1) $(a, b)=1$

(2) $as+bt=1$인 두 정수 s, t가 존재한다.

■

보조정리 2

일차합동식

$$ax \equiv b \pmod{m}, \quad (a, m)=1$$

은 단 한 개의 해를 가진다.

증명 가정에 의하여 $(a, m)=1$이므로 $as+mt=1$인 정수 s, t가 존재한다.

이 때,

$$asb+mtb=b$$

이므로

$$a(sb) \equiv b \pmod{m}$$

이고 따라서 $x \equiv sb \pmod{m}$는 주어진 합동식

$$ax \equiv b \pmod{m}$$

의 해이다.

다음으로 해가 유일함을 증명하기 위해 $x \equiv c_1 \pmod{m}$, $x \equiv c_2 \pmod{m}$가 주어진 합동식의 해라고 가정하자. 그러면

$$ac_1 \equiv b \equiv ac_2 \pmod{m}$$

이고 가정에서 $(a, m)=1$이므로 $c_1 \equiv c_2 \pmod{m}$이다.

따라서 주어진 합동식은 단 한 개의 해를 가진다.

(합동식에서는 동일한 법을 중심으로 합동인 두 해는 하나로 본다.) ■

보조정리 3

양의 정수 m, n에 대하여 다음이 성립한다.

$$\begin{cases} a \equiv b \pmod{m} \\ a \equiv b \pmod{n} \end{cases} \Leftrightarrow a \equiv b \pmod{[m,\ n]}$$

특히, $(m,\ n)=1$일 때 다음이 성립한다.

$$\begin{cases} a \equiv b \pmod{m} \\ a \equiv b \pmod{n} \end{cases} \Leftrightarrow a \equiv b \pmod{mn}$$

(여기에서 $[m,\ n]$: 두 정수 m, n의 최소공배수를 의미)

증명 $a \equiv b \pmod{[m,\ n]}$이라면 $[m,\ n] | (a-b)$이다. 한편, $m | [m,\ n]$, $n | [m,\ n]$이므로

$$m | (a-b),\ n | (a-b)$$

이다. 즉,

$$a \equiv b \pmod{m},\ a \equiv b \pmod{n}$$

이다. 역으로

$$a \equiv b \pmod{m},\ a \equiv b \pmod{n}$$

이라면

$$m | (a-b),\ n | (a-b)$$

이다. 즉 $a-b$는 m과 n의 공배수이므로 최소공배수의 성질에 의해 $[m,\ n] | (a-b)$이다. 즉,

$$a \equiv b \pmod{[m,\ n]}$$

이다.

이것을 일반화하여 다음을 얻을 수 있다.

양의 정수 m_1, m_2, $\cdots$ m_k에 대하여 다음이 성립한다.

$$\begin{cases} a \equiv b \pmod{m_1} \\ a \equiv b \pmod{m_2} \\ \cdots \\ a \equiv b \pmod{m_k} \end{cases} \Leftrightarrow a \equiv b \pmod{[m_1,\ m_2,\ \cdots,\ m_k]}$$

특히, m_1, m_2, $\cdots$, m_k가 쌍마다 서로 소일 때 다음이 성립한다.

$$\begin{cases} a \equiv b(\mathrm{mod}\, m_1) \\ a \equiv b(\mathrm{mod}\, m_2) \\ \quad \cdots \\ a \equiv b(\mathrm{mod}\, m_k) \end{cases} \Leftrightarrow a \equiv b(\mathrm{mod} m_1 m_2 \cdots m_k)$$

■

■ **중국인의 나머지 정리**(The Chinese Remainder Theorem)

$m_1, m_2, \cdots, m_r (r \geq 2)$을 쌍마다 서로 소라 할 때, 임의의 정수 $a_1, a_2, \cdots, a_r$에 대하여 연립일차합동식

$$\begin{cases} x \equiv a_1(\mathrm{mod}\, m_1), \\ x \equiv a_2(\mathrm{mod}\, m_2), \\ \quad \vdots \\ x \equiv a_r(\mathrm{mod}\, m_r) \end{cases}$$

은 법 $m_1 m_2 \cdots m_r$에 관하여 꼭 한 개의 해를 가진다.

증명 $M = m_1 m_2 \cdots m_r$,

$$M_i = \frac{M}{m_i} = m_1 m_2 \cdots m_{i-1} m_{i+1} \cdots m_r, \ (1 \leq i \leq r)$$

으로 놓으면 $m_1, m_2, \cdots, m_r$가 쌍마다 서로 소이므로 $(M_i, m_i) = 1$이고, 따라서

$$M_i N_i \equiv 1(\mathrm{mod}\, m_i), \ 1 \leq i \leq r$$

인 정수 N_i가 존재한다. 이제

$$u = a_1 M_1 N_1 + a_2 M_2 N_2 + \cdots + a_r M_r N_r$$

이라고 놓으면, $i \neq j$일 때,

$$M_j = m_1 \cdots m_{j-1} m_{j+1} \cdots m_r \equiv 0(\mathrm{mod}\, m_i) \ \ 1 \leq i \leq r$$

이므로

$$u \equiv a_i M_i N_i \equiv a_i(\mathrm{mod}\, m_i), \ 1 \leq i \leq r$$

이다. 따라서 주어진 연립합동식은 다음과 같이 고쳐 쓸 수 있다.

$$\begin{cases} x \equiv u \pmod{m_1} \\ x \equiv u \pmod{m_2} \\ \quad \vdots \\ x \equiv u \pmod{m_r} \end{cases}$$

그러므로 주어진 연립일차합동식은 한 개의 해

$$x \equiv u \pmod{m_1 m_2 \cdots m_r}$$

를 가진다. ■

예제 5.1-10

다음 연립일차합동식의 해를 구해보자.

$$\begin{cases} x \equiv 2 \pmod{3} \\ x \equiv 3 \pmod{5} \\ x \equiv 2 \pmod{7} \end{cases}$$

풀이 앞 정리 증명의 기호대로

$$M = 3 \cdot 5 \cdot 7 = 105$$

$$M_1 = \frac{M}{3} = 5 \cdot 7 = 35$$

$$M_2 = \frac{M}{5} = 3 \cdot 7 = 21$$

$$M_3 = \frac{M}{7} = 3 \cdot 5 = 15$$

으로 놓으면

$$35N_1 \equiv 1 \pmod{3},\ 21N_2 \equiv 1 \pmod{5},\ 15N_3 \equiv 1 \pmod{7}$$

을 만족하는 정수

$N_1,\ N_2,\ N_3$은 $N_1 \equiv 2 \pmod{3},\ N_2 \equiv 1 \pmod{5},\ N_3 \equiv 1 \pmod{7}$

이고, 이 때

$$u = 2 \cdot 35 \cdot 2 + 3 \cdot 21 \cdot 1 + 2 \cdot 15 \cdot 1 = 233$$

이다. 따라서 구하고자 하는 해는 $x \equiv 233 \equiv 23 \pmod{105}$이다.
(여기에서 105는 가준수들인 3, 5, 7의 최소공배수이다.) ■

다음에는 일반적인 연립일차합동식의 해를 구하는 방법을 생각하자.

예제 5.1-11

다음 연립일차합동식의 해를 구해보자.

$$\begin{cases} 8x \equiv 4 \pmod{14} \\ 5x \equiv 3 \pmod{11} \end{cases}$$

풀이 첫째 합동식은 합동식 $4x \equiv 2 \pmod 7$과 같고 그 해는 다음과 같다.

$$x \equiv 4 \pmod 7$$

한편, 둘째 합동식의 해는 $x \equiv 5 \pmod{11}$이다.

따라서 주어진 연립일차합동식의 해는 다음 연립일차합동식의 해와 일치한다.

$$\begin{cases} x \equiv 4 \pmod 7 \\ x \equiv 5 \pmod{11} \end{cases}$$

이제 이 연립합동식을 풀기 위해

$$M = 7 \cdot 11 = 77,\ M_1 = \frac{M}{7} = 11,\ M_2 = \frac{M}{11} = 7$$

으로 놓으면

$$11 \cdot 2 \equiv 1 \pmod 7,\ 7 \cdot 8 \equiv 1 \pmod{11}$$

이므로 구하고자 하는 해는 다음과 같다.

$$x \equiv 4 \cdot 11 \cdot 2 + 5 \cdot 7 \cdot 8 \equiv 368 \equiv 60 \pmod{77}$$ ■

중국인 나머지 정리를 이용하려면, 법 $m_1,\ m_2,\ \cdots,\ m_r$가 쌍마다 서로 소이어야 하지만, 어떤 경우에는 쌍마다 서로 소가 아닐지라도 연립일차합동식의 해를 구할 수도 있다. 다음 보기에서 이를 설명해 준다.

예제 5.1-12

다음 연립일차합동식의 해를 구해보자.

$$\begin{cases} x \equiv 4 \pmod 6 \\ x \equiv 13 \pmod{15} \end{cases}$$

풀이 먼저 첫째 합동식은 다음과 같이 고쳐 쓸 수 있다.

$$x = 6k + 4,\ k \in Z \text{ ------------------ } (*)$$

이 식을 둘째 합동식에 대입하면 다음 합동식을 얻는다.

$$6k + 4 \equiv 13 \pmod{15} \text{ 즉, } 6k \equiv 9 \pmod{15}$$

합동식 $6k \equiv 9 \pmod{15}$은 $2k \equiv 3 \pmod{5}$와 동치이다.

이 합동식의 해는 $k \equiv 4 \pmod{5}$이므로 $k = 5t + 4 (t \in Z)$이고 이것을 식 (*)에 대입하면

$$x = 6(5t + 4) + 4 = 30t + 28, \quad t \in Z$$

을 얻는다. 따라서 구하는 해는 $x \equiv 28 \pmod{30}$이다. ■

연습문제 5 Exercises

1. 다음 합동의 성질을 증명하여라.(a, b, c, d는 정수, m : 양의 정수)

(1) $a \equiv a \pmod{m}$

(2) $a \equiv b \pmod{m}$이면, $b \equiv a \pmod{m}$

(3) $a \equiv b \pmod{m}$이고 $b \equiv c \pmod{m}$이면, $a \equiv c \pmod{m}$

(4) $a \equiv b \pmod{m}$이고 $c \equiv d \pmod{m}$이면,

$$a+c \equiv b+d \pmod{m},\ \ ac \equiv bd \pmod{m}$$

(5) $a \equiv b \pmod{m}$이면, $ac \equiv bc \pmod{m}$

2. $2^{24}-1$은 13의 배수임을 보여라.

3. 다음 중 어떤 것이 참인지 확인하여라.

(1) $16 \equiv 6 \pmod{5}$

(2) $33 \equiv 7 \pmod{11}$

(3) $k^2 \equiv k \pmod{k}$, $k > 0$

(4) $a \equiv -a \pmod{2}$

4. 다음 합동식이 성립하는 정수 $m(m \geq 2)$의 값을 모두 구하여라.

(1) $5 \equiv 1 \pmod{m}$

(2) $2 \equiv 22 \pmod{m}$

(3) p가 소수일 때, $p^3 \equiv 0 \pmod{m}$

5. 6^{100}을 7로 나눈 나머지를 구하여라.

6. 다음 수 중에서 3의 배수와 9의 배수를 찾아라.

(1) 123123

(2) 3142124

(3) 31235122

(4) 3126114

7. 다음 수 중에서 11의 배수를 찾아라.

(1) 10763732

(2) 974310976375

(3) 1086320015

(4) 62141059

8. [예제 5.1-8]의 방식과 같이 여권번호가 주어졌다. 다음 중 옳은 것을 찾아라. 단, 마지막 숫자는 오류를 검사하기 위한 검사 숫자이다.

(1) 3300114

(2) 4501824

(3) 3300118

(4) 4501826

9. 다음과 같이 ISBN의 한 숫자가 손상되었다고 할 때, 손상된 숫자를 복구하여라.

(1) 89−7088−015−□

(2) □−261−05079−X

❖ 메모 ✍

CHAPTER 06

여러가지 함수(삼각함수·지수함수·로그함수)

6.1 삼각함수

호도법 : 각의 크기를 나타내는 데는 보통 '°(도)'라는 단위를 사용한다. 이것을 육십분법이라고 하는데, 흔히 쓰는 60°, 90°, … 등을 말한다. 그러나 '°(도)'라는 단위를 가진 육십분법의 각을 실수축 위에 그릴 수 없으므로, 각을 좌표평면 위에 그릴 수 있는 수단을 생각하게 되었다. 즉, 육십분법의 각을 실수화 시키려는 데서 호도법이 등장하게 되는 것이다. 이제, 호도법에 대하여 알아보자.

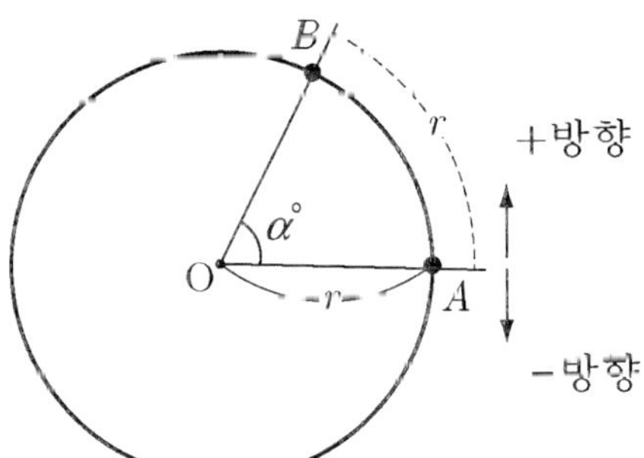

그림 6.1

반지름의 길이가 r인 원 O에서 길이가 r인 원호 $\widehat{AB}$에 대한 중심각 $\angle AOB$의 크기를 $\alpha°$라고 하면,

$$360° : \alpha° = 2\pi r : r$$

$$\therefore \ \alpha° = \frac{180°}{\pi}$$

가 된다.

여기서 $\alpha°$는 반지름의 길이와 관계없이 항상 일정하다. 이 일정한 크기의 각 $\alpha°$를 '1호도 또는 1라디안(radian)'이라고 하고, 이것을 단위로 하는 각의 측정법을 호도법이라고 한다. 보통은 이 '호도' 또는 '라디안'을 생략하고 실수처럼 나타낸다. 즉,

$$\pi(\text{라디안})=180° \Leftrightarrow \pi=180°$$

라디안(radian)과 도(°) : $1\ rad. = \dfrac{180°}{\pi}$ (단, π는 원주율)에서 $\pi\ rad. = 180°$인 관계가 있다. 이 관계를 이용하면, 도(°)로 나타낸 각을 $rad.$으로, 또 $rad.$으로 나타낸 각을 도(°)로 고쳐 쓸 수 있다.

예를 들어

$$1\ rad. = \frac{180°}{\pi}(\fallingdotseq 57°17'45'')$$

$$1° = \frac{\pi}{180°}(rad.)(\fallingdotseq 0.01745(rad.))$$

$$60° \Leftrightarrow \frac{\pi}{180°} \times 60° = \frac{\pi}{3}(rad.)$$

$$\frac{\pi}{2} \Leftrightarrow \frac{180°}{\pi} \times \frac{\pi}{2} = 90°$$

예제 6.1-1

다음에서 도(°)로 나타낸 각은 $rad.$으로, $rad.$으로 나타낸 각은 도(°)로 고쳐라.

(1) $225°$　　(2) $-30°$

(3) $\frac{7}{6}\pi$　　(4) $-\frac{5}{3}\pi$

풀이 (1) $225° = \dfrac{\pi}{180°} \times 225° = \dfrac{5}{4}\pi$

(2) $-30° = \dfrac{\pi}{180°} \times (-30°) = -\dfrac{1}{6}\pi$

(3) $\dfrac{7}{6}\pi = \dfrac{180°}{\pi} \times \dfrac{7}{6}\pi = 210°$

(4) $-\dfrac{5}{3}\pi = \dfrac{180°}{\pi} \times (-\dfrac{5}{3}\pi) = -300°$ ■

부채꼴의 호의 길이와 넓이 : 호도법(radian)을 사용하면 부채꼴의 호의 길이와 넓이를 간편하게 표시할 수 있다.

반지름의 길이가 r, 중심각의 크기가 θ $rad.$인 부채꼴 OAB에서 호 AB의 길이를 l이라 하면

$2\pi : \theta = 2\pi r : l$

$$\therefore\ 2\pi l = 2\pi r\theta$$

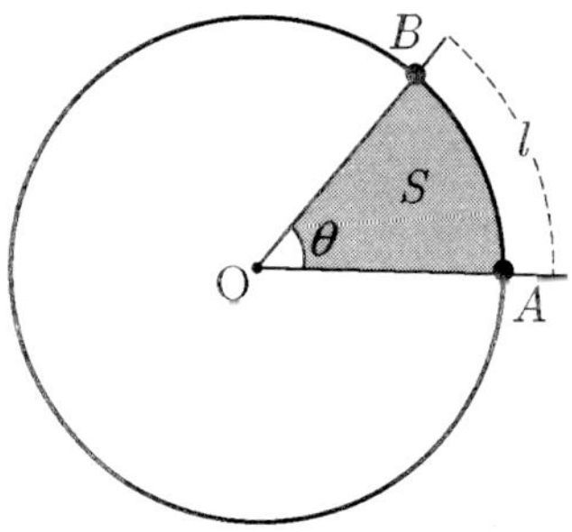

그림 6.2

따라서, 호의 길이

$$l = r\theta \qquad ①$$

가 됨을 알 수 있다. 또, 부채꼴의 넓이를 S라 하면

$$2\pi : \theta = \pi r^2 : S$$
$$\therefore\ 2\pi S = \pi r^2\theta$$

따라서, 부채꼴의 면적은

$$S = \frac{1}{2}r^2\theta = \frac{1}{2}rl \qquad ②$$

이 된다.

예제 6.1-2

반지름의 길이가 10이고, 중심각의 크기가 120°인 부채꼴의 호의 길이와 넓이를 구하여라.

풀이 중심각의 크기는 $rad.$으로 고쳐 사용한다.

$$120^\circ = \frac{2}{3}\pi(rad.)$$

$$\therefore\ l = r\theta = 10 \times \frac{2}{3}\pi = \frac{20}{3}\pi$$

$$S = \frac{1}{2}rl = \frac{1}{2} \times 10 \times \frac{20}{3}\pi = \frac{100}{3}\pi$$ ■

■ 삼각함수

오른쪽 그림과 같이 좌표평면 위의 x축의 양의 부분을 시초선으로 할 때, 동경 OP가 나타내는 일반각을 θ라고 하자. 원점을 중심으로 하고 반지름이 r인 원과 동경 OP의 교점을 $P(x,\ y)$라고 하면 $\frac{y}{r},\ \frac{x}{r},\ \frac{y}{x}(x \neq 0)$의 값은 θ의 값에 따라 오직 하나가 결정된다. 따라서 일반각 θ에 비의 값 $\frac{y}{r},\ \frac{x}{r},\ \frac{y}{x}(x \neq 0)$을 대응시키면, 이 대응은 함수의 대응이 되는 데, 이들을 각각 θ의 '사인함수, 코사인함수, 탄젠트함수'라고 하며, 다음과 같이 나타낸다.

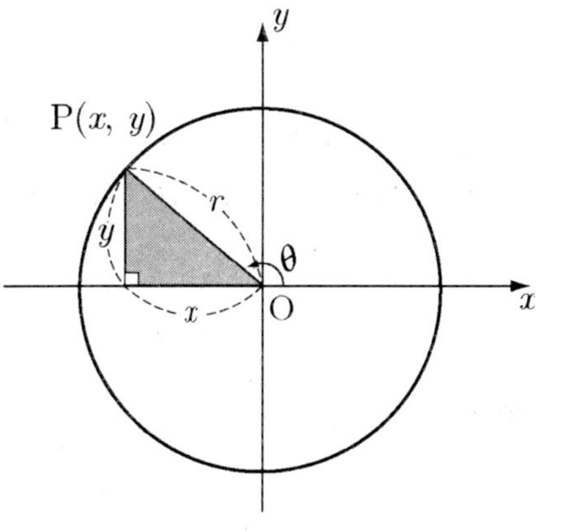

그림 6.3

$$\sin\theta = \frac{y}{r},\ \cos\theta = \frac{x}{r},\ \tan\theta = \frac{y}{x}\ \ (x \neq 0)$$

또, $x \neq 0,\ y \neq 0$일 때, 이들의 역수를 취한 것을

$$\operatorname{cosec}\theta = \frac{r}{y}\left(= \frac{1}{\sin\theta}\right),\ \sec\theta = \frac{r}{x}\left(= \frac{1}{\cos\theta}\right),\ \cot\theta = \frac{x}{y}\left(= \frac{1}{\tan\theta}\right)$$

와 같이 나타낸다. 이들을 통틀어 삼각함수라고 한다.

$\tan\theta$과 $\sec\theta$는 $x = 0$일 때, 즉, $\theta = \pm\frac{\pi}{2},\ \pm\frac{3}{2}\pi,\ \cdots$일 때에는 정의되지 않는다. 마찬가지로 $\csc\theta$와 $\cot\theta$는 $y = 0$일 때, 즉 $\theta = 0,\ \pm\pi,\ \pm 2\pi,\ \cdots$에서 정의되지 않는다.

삼각함수의 정의로부터 다음 사실들을 쉽게 알 수 있다.

삼각함수의 기본 성질

1. 모든 실수 θ에 대하여 $-1 \le \sin\theta \le 1$, $-1 \le \cos\theta \le 1$, $-\infty < \tan\theta < +\infty$ 이다.
2. 모든 실수 θ에 대하여 $\theta + 2n\pi$(n은 정수)에서의 삼각함수 값은 θ에서의 함수 값과 같다. 즉, $\sin\theta$와 $\cos\theta$는 주기가 2π인 주기함수이며, 특히 $\tan\theta$의 주기는 π이다.

   즉, $\sin(\theta+2n\pi)=\sin\theta$, $\cos(\theta+2n\pi)=\cos\theta$, $\tan(\theta+n\pi)=\tan\theta$
3. $\sin(-\theta)=-\sin\theta$, $\tan(-\theta)=-\tan\theta$이므로 $\sin\theta$와 $\tan\theta$는 기함수(홀함수)이고, $\cos(-\theta)=\cos\theta$이므로 $\cos\theta$는 우함수(짝함수)이다.
4. $\sin^2\theta+\cos^2\theta=1$, $\tan\theta=\dfrac{\sin\theta}{\cos\theta}$, $1+\tan^2\theta=\sec^2\theta$, $1+\cot^2\theta=\csc^2\theta$
5. $\sin(\theta+\frac{\pi}{2})=\cos\theta$, $\cos(\theta+\frac{\pi}{2})=-\sin\theta$, $\tan(\theta+\frac{\pi}{2})=-\cot\theta$

   $\sin(\frac{\pi}{2}-\theta)=\cos\theta$, $\cos(\frac{\pi}{2}-\theta)=\sin\theta$, $\tan(\frac{\pi}{2}-\theta)=\cot\theta$
6. $\sin(\pi-\theta)=\sin\theta$, $\cos(\pi-\theta)=-\cos\theta$, $\tan(\pi-\theta)=\tan(-\theta)=-\tan\theta$
7.

	$\sin\theta$	$\cos\theta$	$\tan\theta$
0	0	1	0
$\frac{1}{6}\pi$	$\frac{1}{2}$	$\frac{\sqrt{3}}{2}$	$\frac{\sqrt{3}}{3}$
$\frac{1}{4}\pi$	$\frac{\sqrt{2}}{2}$	$\frac{\sqrt{2}}{2}$	1
$\frac{1}{3}\pi$	$\frac{\sqrt{3}}{2}$	$\frac{1}{2}$	$\sqrt{3}$
$\frac{1}{2}\pi$	1	0	∞
π	0	-1	0

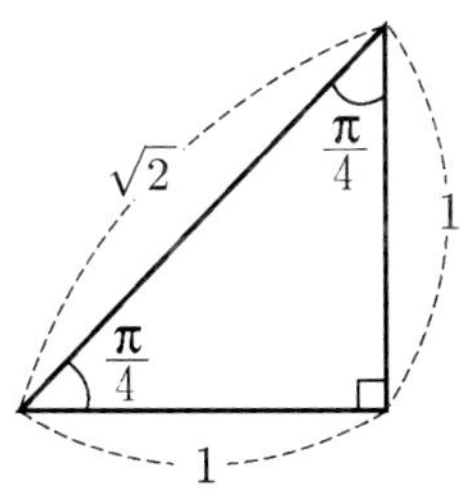

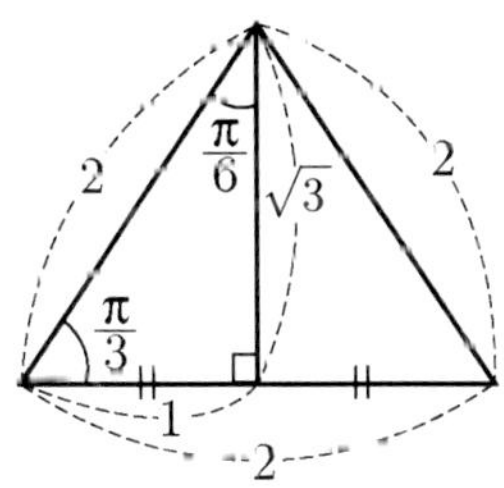

예제 6.1-3

$(\tan\theta + \cot\theta)^2 - (\tan\theta - \cot\theta)^2$을 간단히 하여라.

풀이 (준식)$= \tan^2\theta + 2\tan\theta \cdot \cot\theta + \cot^2\theta - (\tan^2\theta - 2\tan\theta \cdot \cot\theta + \cot^2\theta)$

$= 4\tan\theta \cdot \cot\theta = 4$

$(\because\ \tan\theta = \frac{1}{\cot\theta})$ ■

예제 6.1-4

$\tan\theta = 2$일 때, $\frac{1}{1-\sin\theta} + \frac{1}{1+\sin\theta}$의 값을 구하여라.

풀이

$$\frac{1}{1-\sin\theta} + \frac{1}{1+\sin\theta} = \frac{(1+\sin\theta)+(1-\sin\theta)}{(1-\sin\theta)(1+\sin\theta)}$$

$$= \frac{2}{1-\sin^2\theta} = \frac{2}{\cos^2\theta}$$

$$= 2\sec^2\theta = 2(\tan^2\theta + 1) = 2(2^2+1) = 10$$ ■

예제 6.1-5

다음 삼각함수의 값을 구하여라.

(1) $\sin\frac{25}{6}\pi = \sin\left(2\times 2\pi + \frac{\pi}{6}\right) = \sin\frac{\pi}{6} = \frac{1}{2}$

(2) $\cos(-390°) = \cos(-360° - 30°) = \cos(-30°) = \cos 30° = \frac{\sqrt{3}}{2}$

(3) $\tan\left(\frac{3}{2}\pi + \theta\right) \cdot \cos\left(\frac{\pi}{2} - \theta\right) + \sin(3\pi - \theta)$

$= \tan\left\{\pi + \left(\frac{\pi}{2} + \theta\right)\right\} \cdot \cos\left(\frac{\pi}{2} - \theta\right) + \sin\{2\pi + (\pi - \theta)\}$

$= \tan\left(\frac{\pi}{2} + \theta\right) \cdot \cos\left(\frac{\pi}{2} - \theta\right) + \sin(\pi - \theta)$

$= -\cot\theta \cdot \sin\theta + \sin\theta = -\frac{\cos\theta}{\sin\theta} \cdot \sin\theta + \sin\theta = -\cos\theta + \sin\theta$ ■

■ 삼각함수의 그래프

1. $y=\sin x$의 그래프 x가 $0 \le x \le 2\pi$에서 변할 때, $\sin x$의 변화표와 그래프는 다음과 같다.

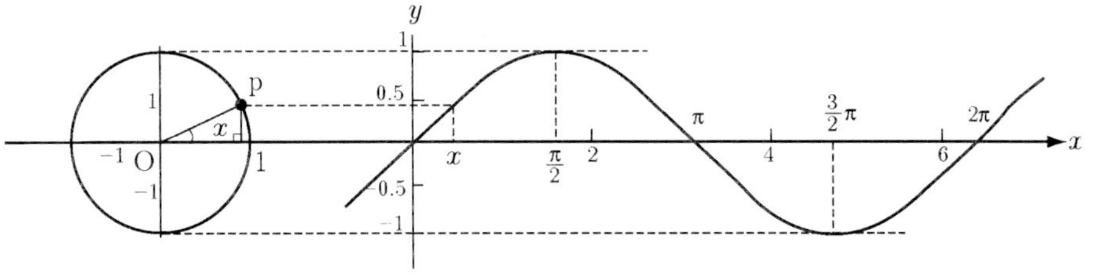

그림 6.4

- 반지름이 1인 원에서는 원둘레 위를 움직이는 점 P의 y좌표가 곧 $\sin x$의 값이다.
- 변화표를 이용(주요점을 찾아 부드럽게 잇는다)

x	0	$\frac{1}{6}\pi$	$\frac{1}{4}\pi$	$\frac{1}{2}\pi$	…	π	…	$\frac{3}{2}\pi$	…	2π
$\sin x$	0	$\frac{1}{2}$	$\frac{\sqrt{2}}{2}$	1	…	0	…	-1	…	0

예제 6.1-6

$y=\sin\frac{1}{2}x$의 그래프를 그려라.

풀이

i) 주기 : $\frac{1}{2}P=2\pi$로부터, $P=4\pi$가 주어진 함수의 주기이다.

ii) 최대 · 최솟값은 1, -1이다.

iii) 주기와 최대 · 최솟값과 $y=\sin x$의 표준형 그래프를 서로 고려하여 개형을 그린다.

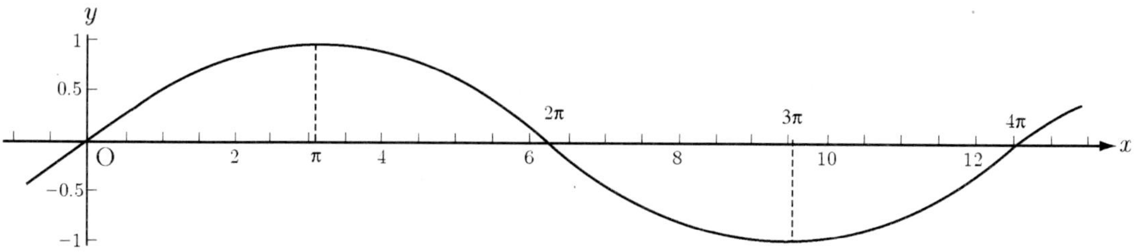

그림 6.5

$y=\sin\frac{1}{2}x$의 변화표를 만들고, 주요점들을 부드럽게 잇는다.

x	$\cdots$	0	$\cdots$	$\frac{1}{2}\pi$	$\cdots$	π	$\cdots$	2π	$\cdots$	3π	$\cdots$	4π	$\cdots$
$\sin\frac{1}{2}x$	$\cdots$	0	$\cdots$	$\frac{\sqrt{2}}{2}$	$\cdots$	1	$\cdots$	0	$\cdots$	-1	$\cdots$	0	$\cdots$

2. $y=\cos x$의 그래프 : $0\le x\le 2\pi$에서 $y=\cos x$의 변화표와 그래프를 그리면 다음과 같다.

$y=\cos x$의 그래프는 앞에서 본 $y=\sin x$의 원판을 $\frac{\pi}{2}$ 돌려 놓고 볼 때, 원주 상의 점 P의 y좌표를 찾아 그린다.

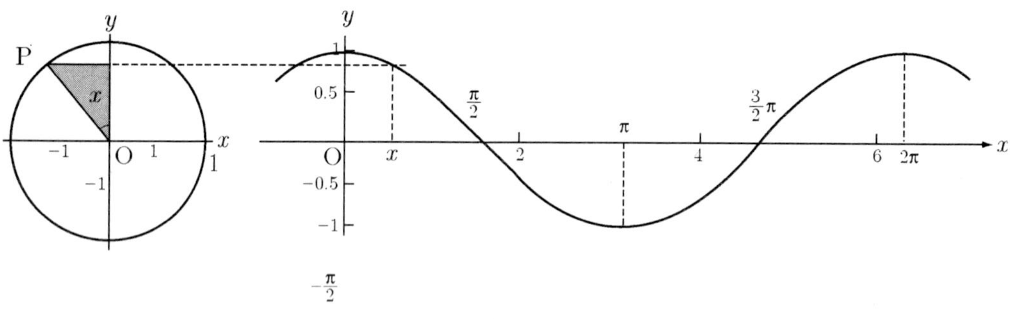

그림 6.6

($y=\cos x$의 그래프는 $\sin x$의 그래프를 x축으로 $-\frac{1}{2}\pi$만큼 평행이동 한 것이다.)

변화표를 만들고 주요점을 부드럽게 잇는다.

x	$\cdots$	0	$\cdots$	$\frac{1}{4}\pi$	$\cdots$	$\frac{1}{3}\pi$	$\cdots$	$\frac{1}{2}\pi$	$\cdots$	π	$\cdots$	$\frac{3}{2}\pi$	$\cdots$	2π	$\cdots$
$\cos x$	$\cdots$	1	$\cdots$	$\frac{\sqrt{2}}{2}$	$\cdots$	$\frac{1}{2}$	$\cdots$	0	$\cdots$	-1	$\cdots$	0	$\cdots$	1	$\cdots$

3. $y=\tan x$의 그래프 : 오른쪽 그림과 같이 반지름이 1인 원 위의 점 (1, 0)에서 이 원에 접선을 그어 각 x에 대한 동경 OP의 연장선과 이 접선이 교점의 y좌표를 구하면, 이것이 $\tan x$의 값이다. $y=\tan x$의 그래프를 그리면 다음과 같다. $\tan\frac{\pi}{2}$의 값은 결정되지 않으며, 마찬가지로 $\tan\frac{3}{2}\pi$의 값도 정의되지 않는다.

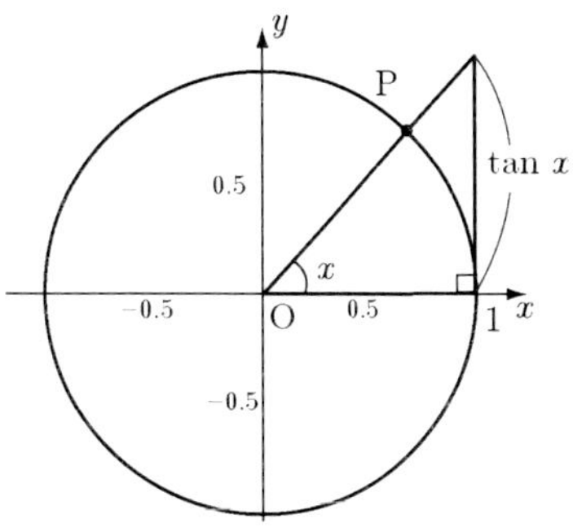

그림 6.7

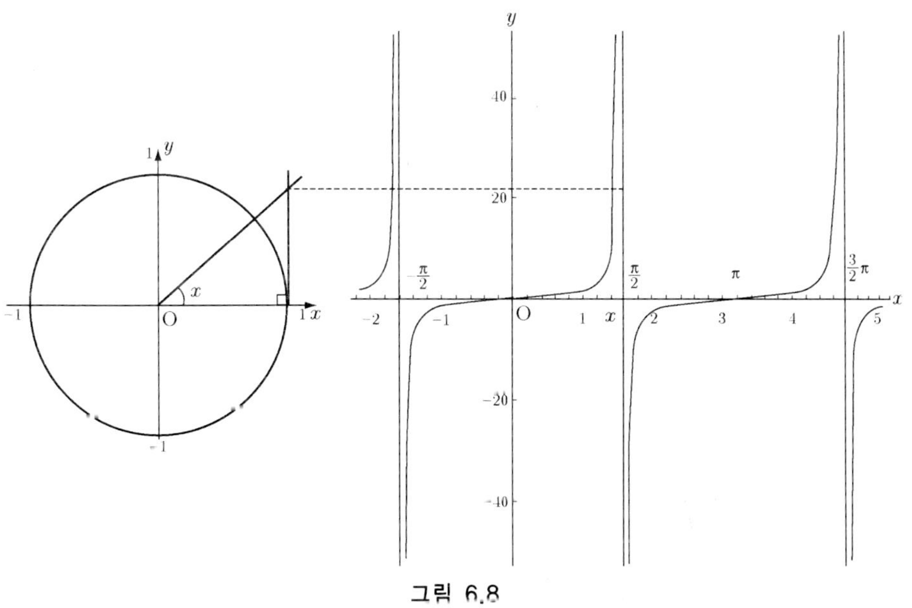

그림 6.8

예제 6.1-7

$y=\tan 2x$의 그래프를 그려라.

풀이 $y=\tan ax$ 의 주기는 $\frac{\pi}{|a|}$ 이다. 따라서 준식의 주기는 $\frac{\pi}{2}$ 이다.

$y=\tan 2x$ 의 그래프는 다음과 같다.

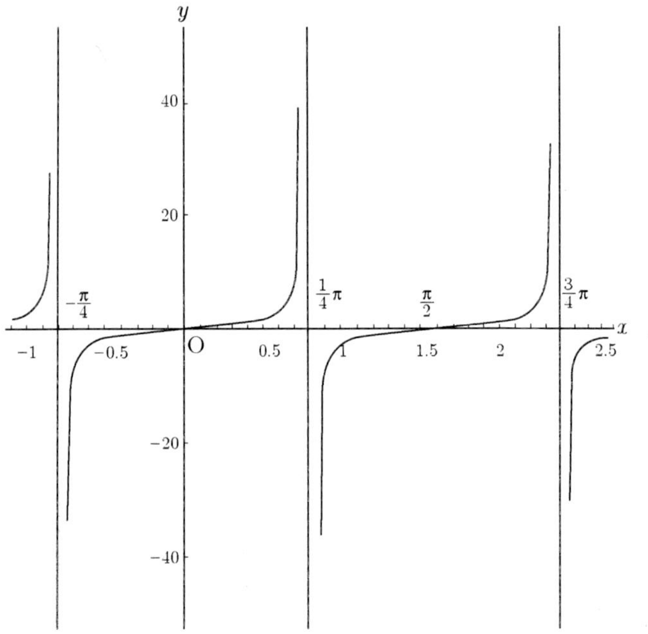

그림 6.9

위의 사실을 근거로 $y=\sec x$, $y=\csc x$, $y=\cot x$ 의 그래프를 그리면 다음과 같다.

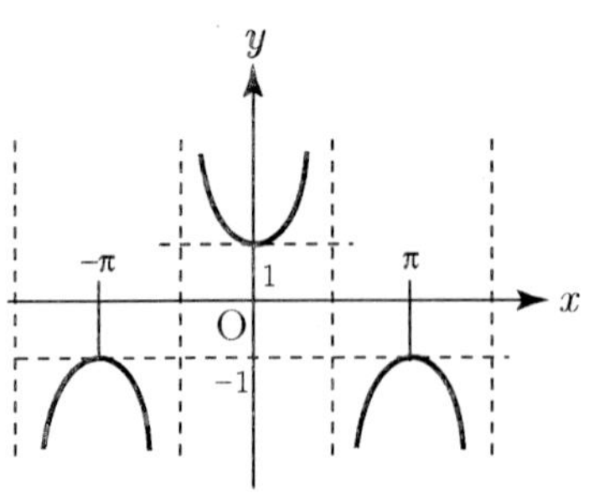

$y=\sec x$

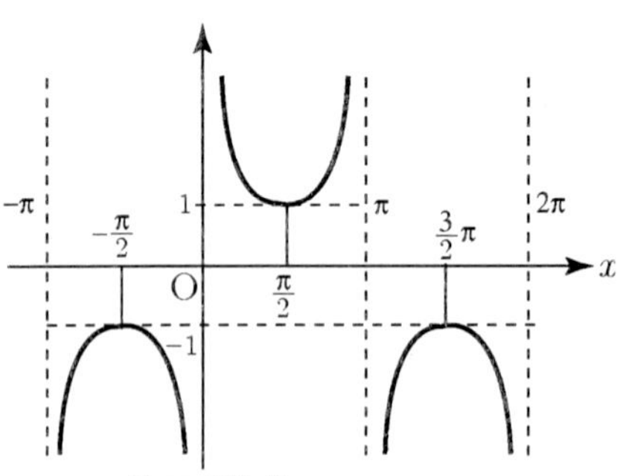

$y=\csc x$

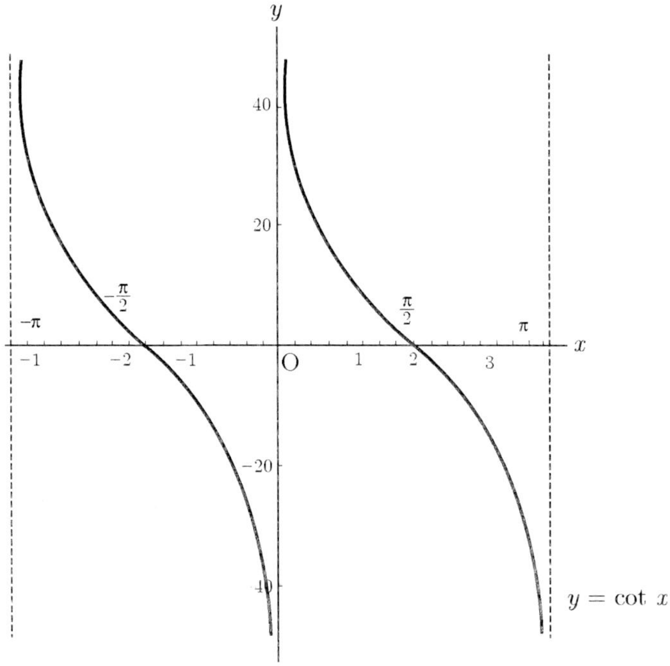

그림 6.10

예제 6.1-8

$y=2\sin\frac{1}{2}x$의 그래프를 그리고, 최댓값, 최솟값, 주기를 구하여라.

풀이 일반적으로 $y=r\sin(px+\alpha)$에서, 최대$=|r|$, 최소$=-|r|$, 주기$=\frac{2\pi}{|p|}$이다. 따라서 주어진 함수의 최댓값은 2, 최솟값은 −2이며, 주기는 $2\pi\times 2=4\pi$이다. (즉, $y=\sin x$의 그래프를 y축 방향으로 2배, x축 방향으로 2배 확대한 형태이다.)

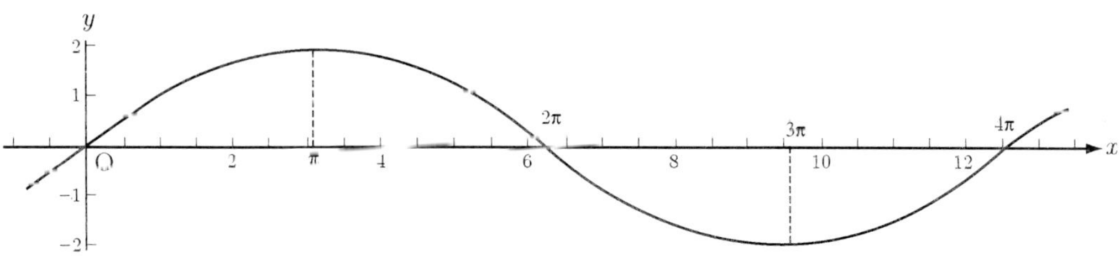

그림 6.11

■ **역삼각함수**

1) 삼각함수 $y=\sin x$는 치역 $[-1,\ 1]$의 각 y에 대하여 많은 x가 대응되는 함수이므로 $1:1$ 대응함수가 아니다. 따라서 $y=\sin x$의 역함수는 존재하지 않는다. 그러나 정의역을 $\left[-\frac{\pi}{2},\ \frac{\pi}{2}\right]$로 제한하면 $y=\sin x$는 $1:1$ 대응함수이고 그 역함수는 존재한다.

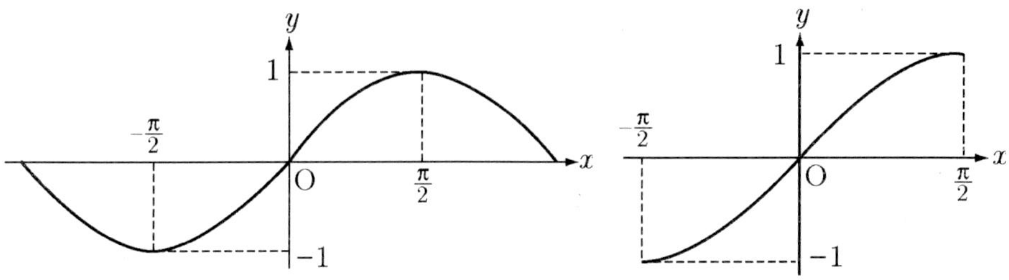

그림 6.12

$y=\sin x,\ \left(-\frac{\pi}{2}\le x\le\frac{\pi}{2}\right)$의 역함수를 $y=\sin^{-1}x$ 또는 $y=\text{arc}\ \sin x$로 표시한다. 이 때 $y=\sin^{-1}x$의 정의역은 $[-1,\ 1]$이며, 치역은 $\left[-\frac{\pi}{2},\ \frac{\pi}{2}\right]$가 된다.

또한 $y=\sin^{-1}x$의 그래프는

$$y=\sin x,\ \left(-\frac{\pi}{2}\le x\le\frac{\pi}{2}\right)$$

의 그래프와 $y=x$에 관하여 대칭이다.

역함수의 정의에 따라 다음이 성립한다.

$$y=\sin^{-1}x,\ x\in[-1,\ 1]\ \Leftrightarrow\ \sin y=x,\ y\in\left[-\frac{\pi}{2},\ \frac{\pi}{2}\right]$$

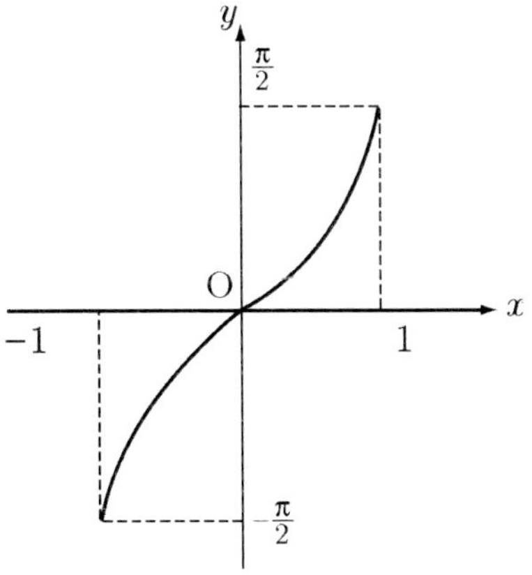

$y=\sin^{-1}x,\qquad x\in[-1,\ 1]$

그림 6.13

예제 6.1-9

(1) $\sin^{-1}\frac{1}{2}$

(2) $\tan\left(\sin^{-1}\frac{\sqrt{2}}{2}\right)$

(3) $\sin^{-1}\left(\frac{3}{2}\right)$를 계산하여라.

풀이

(1) $y=\sin^{-1}\frac{1}{2} \Leftrightarrow \sin y=\frac{1}{2},\ y\in\left[-\frac{\pi}{2},\ \frac{\pi}{2}\right]$에서 $\sin\frac{\pi}{6}=\frac{1}{2}$이고 $\frac{\pi}{6}\in\left[-\frac{\pi}{2},\ \frac{\pi}{2}\right]$이므로 $\sin^{-1}\frac{1}{2}=\frac{\pi}{6}$이다.

(2) $\sin\frac{\pi}{4}=\frac{\sqrt{2}}{2}$이고, $\frac{\pi}{4}\in\left[-\frac{\pi}{2},\ \frac{\pi}{2}\right]$이므로 $\sin^{-1}\frac{\sqrt{2}}{2}=\frac{\pi}{4}$가 되어

$\tan\left(\sin^{-1}\frac{\sqrt{2}}{2}\right)=\tan\frac{\pi}{4}=1$

(3) $\frac{3}{2}$은 정의역인 $[-1,\ 1]$에 있지 않으므로 $\sin^{-1}\left(\frac{3}{2}\right)$은 존재하지 않는다. ■

주의

$y=\sin^{-1}x$와 $y=(\sin x)^{-1}=\dfrac{1}{\sin x}=\csc x$는 서로 다른 함수이다.

2) sin 함수와 같이 $y=\cos x$도 정의역을 $[0,\ \pi]$로 제한하면 1 : 1 대응함수가 되어 역함수를 갖게 되고 그 역함수를 $y=\cos^{-1}x$로 표시한다. 즉, $y=\cos^{-1}x$, $x\in[-1,\ 1] \Leftrightarrow \cos y=x,\ y\in[0,\ \pi]$

한편 $y=\cos^{-1}x$의 그래프는 제한된 영역에서 $y=\cos x$의 그래프와 $y=x$에 관하여 대칭이다.

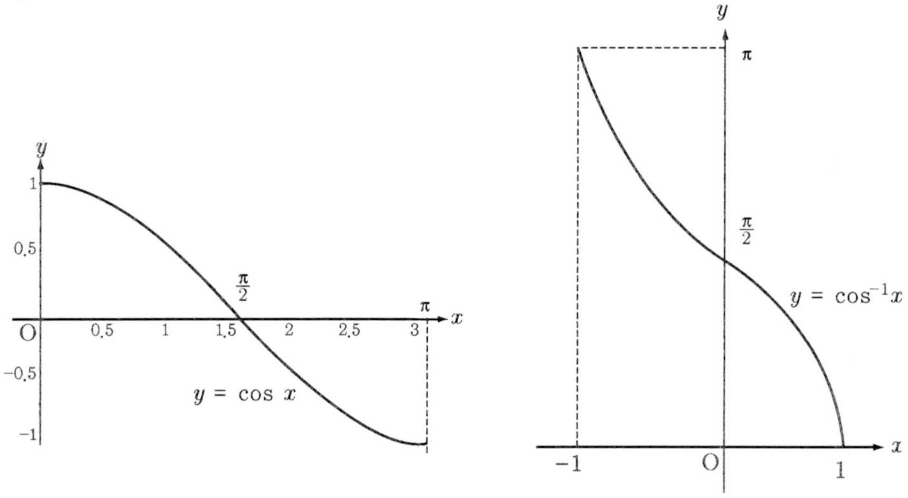

그림 6.14

예제 6.1-10

(1) $\cos^{-1}\left(\dfrac{-1}{2}\right)$

(2) $\cos\left(\cos^{-1}\left(-\dfrac{1}{2}\right)\right)$

(3) $\cos^{-1}\left(\dfrac{\sqrt{3}}{2}\right)$을 계산하여라.

풀이 (1) $\cos\left(\frac{2}{3}\pi\right)=-\frac{1}{2}$이고, $-\frac{1}{2}$은 정의역 $[-1, 1]$ 안에 있으므로

$\cos^{-1}\left(-\frac{1}{2}\right)=\frac{2}{3}\pi$이다.

(2) $\cos\left(\cos^{-1}\left(-\frac{1}{2}\right)\right)=\cos\frac{2}{3}\pi=-\frac{1}{2}$

(3) $\cos^{-1}\frac{\sqrt{3}}{2}=\frac{1}{6}\pi$ ■

3) $y=\tan x$의 정의역을 구간 $\left(-\frac{\pi}{2}, \frac{\pi}{2}\right)$로 제한하면 1 : 1 대응함수가 되어 그 역함수 $y=\tan^{-1}x$가 존재한다.

$$y=\tan^{-1}x,\ x\in[-\infty, \infty] \iff \tan y=x,\ y\in\left(-\frac{\pi}{2}, \frac{\pi}{2}\right)$$

$y=\tan^{-1}x$의 정의역은 모든 실수이고, 치역은 $\left(-\frac{\pi}{2}, \frac{\pi}{2}\right)$이며 그 그래프는 제한된 영역에서 $y=\tan x$의 그래프와 $y=x$에 대하여 대칭이 된다.

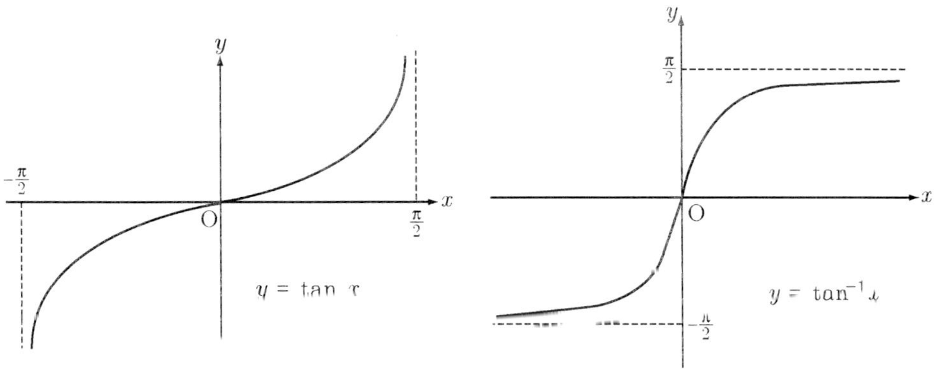

그림 6.15

예제 6.1-11

(1) $\tan^{-1}(-1)$

(2) $\sec\left(\tan^{-1}\left(\frac{\sqrt{3}}{3}\right)\right)$을 계산하여라.

풀이 (1) $\tan\left(-\dfrac{\pi}{4}\right)=-1$ 이므로 $\tan^{-1}(-1)=-\dfrac{\pi}{4}$ 이다.

(2) $\tan^{-1}\dfrac{\sqrt{3}}{3}=\dfrac{\pi}{6}$, $\sec\left(\dfrac{\pi}{6}\right)=\dfrac{1}{\cos\dfrac{\pi}{6}}=\dfrac{2}{\sqrt{3}}$ ■

■ 기타의 역삼각함수

기타의 삼각함수 $y=\sec x$, $y=\csc x$, $y=\cot x$ 도 정의역을 적절하게 제한함으로써 1 : 1 대응함수가 되게 하여, 각 역함수를 다음과 같이 정의할 수 있다.

$$y=\sec x,\ x\in\left[0,\ \frac{\pi}{2}\right)\cup\left(\frac{\pi}{2},\ \pi\right] \iff x=\sec^{-1}y=\cos^{-1}\left(\frac{1}{y}\right),\ |y|\geq 1$$

$$y=\csc x,\ x\in\left[-\frac{\pi}{2},\ 0\right)\cup\left(0,\ \frac{\pi}{2}\right] \iff x=\csc^{-1}y=\sin^{-1}\left(\frac{1}{y}\right),\ |y|\geq 1$$

$$y=\cot x,\ x\in[0,\ \pi] \iff x=\cot^{-1}y=\frac{\pi}{2}-\tan^{-1}y,\ y\in(-\infty,\ \infty)$$

위의 역삼각함수들의 그래프는 다음과 같다.

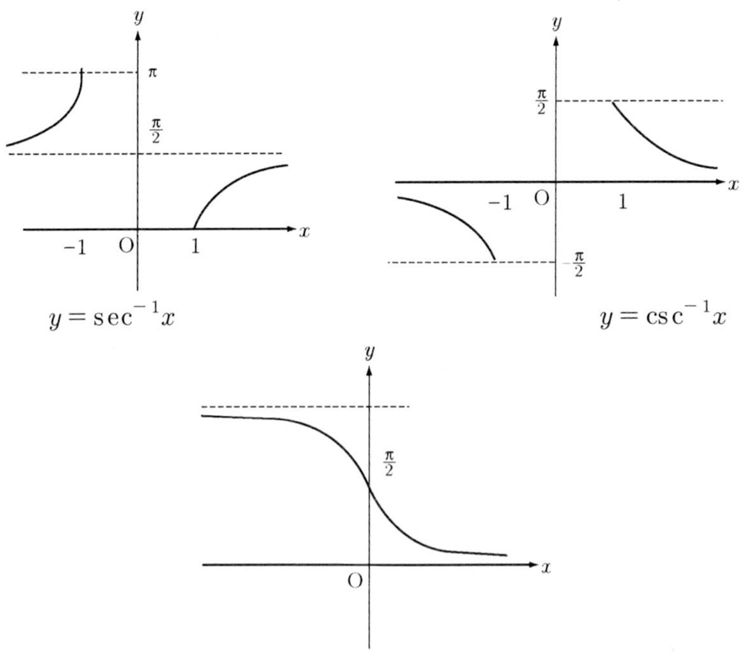

$y=\cot^{-1}x=\dfrac{\pi}{2}-\tan^{-1}x$

그림 6.16

한편, 역삼각함수의 정의를 아래 그림과 같이 직각삼각형에서 변의 길이와 각의 크기와의 관계로 이해하면 계산하는 데 도움이 된다.

(단, 각의 크기는 $0 \le \theta \le \frac{\pi}{2}$일 경우)

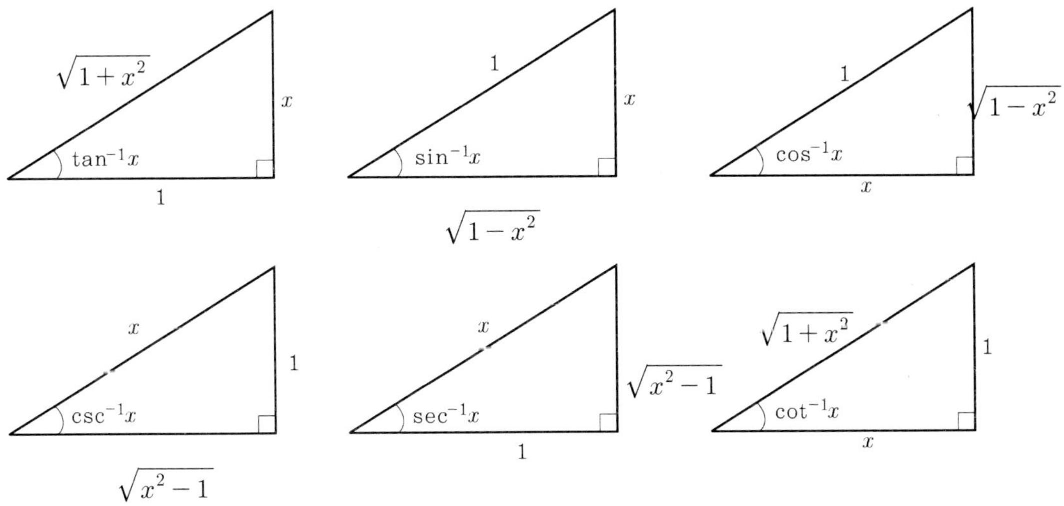

그림 6.17

예제 6.1-12

임의의 $x \in [-1, 1]$에 대하여 $\sin^{-1}x + \cos^{-1}x = \frac{\pi}{2}$가 성립함을 보여라.

풀이 ① $x = 0$인 경우 : $\sin^{-1}0 = 0$, $\cos^{-1}0 = \frac{\pi}{2}$이므로 등식이 성립한다.

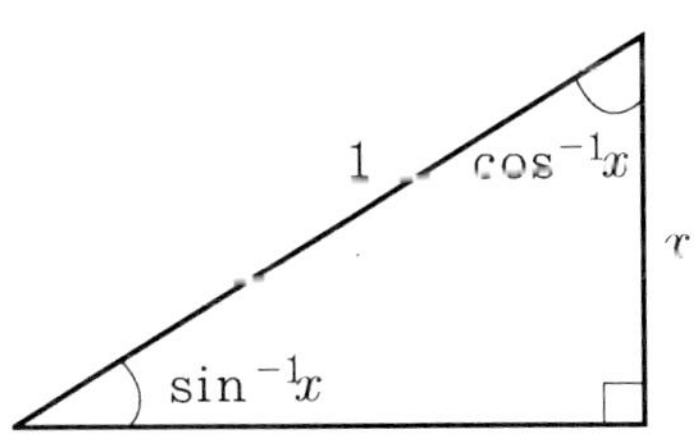

그림 6.18

② $0 < x \le 1$인 경우 : $y = \cos^{-1}x$, $(0 < x \le 1)$라고 하면

$$x = \cos y,\ 0 \le y < \frac{\pi}{2}$$

가 된다. 그런데

$$\cos y = \sin\left(\frac{\pi}{2} - y\right),\ 0 < \frac{\pi}{2} - y \le \frac{\pi}{2}$$

이므로 $\sin^{-1}x = \frac{\pi}{2} - y$이다. 즉,

$$\sin^{-1}x + \cos^{-1}x = \frac{\pi}{2}$$

가 성립한다.

③ 또, $-1 \le x < 0$인 경우 : $0 < -x \le 1$이므로

$$\sin^{-1}(-x) + \cos^{-1}(-x) = \frac{\pi}{2}$$

가 성립한다. 그런데

$$\sin^{-1}(-x) = -\sin^{-1}x$$

이고

$$\cos^{-1}(-x) = \pi - \cos^{-1}x$$

이므로

$$\sin^{-1}x + \cos^{-1}x = \frac{\pi}{2}$$

가 성립한다. ■

연습문제 6

Exercises

1. 다음에서 도(°)로 준각은 *rad.*으로 *rad.*으로 준각은 도(°)로 바꾸어라.

(1) 120° (2) 150°

(3) -45° (4) $\frac{\pi}{6}$

(5) $-\frac{\pi}{4}$ (6) $\frac{2}{3}\pi$

(7) 30° (8) -180°

(9) 405° (10) $\frac{5}{6}\pi$

(11) $\frac{1}{2}\pi$ (12) $-\frac{4}{3}\pi$

2. 부채꼴의 반지름의 길이가 $3a$이고, 호의 길이가 πa일 때, 중심각의 크기를 구하여라.

3. 반지름이 4cm 인 부채꼴의 둘레의 길이와 그 호로 이루어진 반원의 호의 길이가 같을 때, 부채꼴의 넓이를 구하여라.

4. $\sin x + \cos x = \frac{1}{2}$일 때, 다음 값을 구하여라.

(1) $\sin x \cdot \cos x$

(2) $|\sin x - \cos x|$

5. 다음 식을 간단히 하여라.

$$\cos\left(\frac{\pi}{2}-\theta\right)+\cos\theta+\cos\left(\frac{\pi}{2}+\theta\right)+\cos(\pi-\theta)$$

6. 함수 $y=3\cos\left(4x-\frac{\pi}{4}\right)$의 최댓값, 최솟값, 주기를 구하여라.

7. 다음 함수의 그래프를 그려라.

(1) $y=\tan\left(x-\frac{\pi}{2}\right)$

(2) $y=2\sin\frac{\theta}{2}$

8. 다음 함수값을 구하여라.

(1) $\cos^{-1}\left(-\frac{1}{\sqrt{2}}\right)$

(2) $\tan^{-1}(-\sqrt{3})$

(3) $\sec^{-1}\left(\frac{2}{\sqrt{3}}\right)$

(4) $\cos\left(\frac{\pi}{12}+\sin^{-1}\frac{\sqrt{2}}{2}\right)$

(5) $\cot\left(\sin^{-1}\left(-\frac{1}{2}\right)\right)$

(6) $\cos\left(\tan^{-1}\frac{x}{2}\right)$

(7) $\cos^{-1}\left(\frac{1}{2}\csc\left(\sin^{-1}\frac{1}{2}\right)\right)$

(8) $\csc^{-1}(\sqrt{2}\sin(\tan^{-1}1))$

(9) $\tan(\sec^{-1}1)+\sin(\csc^{-1}1)$

9. $\sin(\cos^{-1}x)=\sqrt{1-x^2}$ 임을 보여라. (단, $0\le\cos^{-1}x\le\frac{\pi}{2}$)

6.2 지수함수와 로그함수

■ 지수함수

지수법칙

$a \neq 1$, $a > 0$인 실수이고, m, n; 실수일 때

(1) $a^m \times a^n = a^{m+n}$

(2) $(a^m)^n = a^{mn}$

(3) $(ab)^n = a^n b^n$

(4) $a^m \div a^n = a^{m-n}$, $\left(a^{-m} = \dfrac{1}{a^m}\right)$

예제 6.2-1

다음 식을 간단히 하여라.

(1) $8^{\frac{1}{2}} \times 4^{\frac{1}{4}} \times 2^{-2}$

(2) $\sqrt[5]{a^3} \times a^{\frac{1}{5}} \div \sqrt[3]{a^2}$

(3) $\dfrac{\sqrt[6]{2} \times \sqrt{8}}{\sqrt[3]{4}}$

(4) $\sqrt[3]{a\sqrt{a\sqrt{a}}}$

(5) $\dfrac{9^5 \cdot 81^{-3} \cdot 9^3}{27^{-6} \cdot 9^2}$

(6) $\{(a^2b^{-4})^{-3}\}^{-1} \div (a^2b^{-12})$

풀이

(1) $8^{\frac{1}{2}} \times 4^{\frac{1}{4}} \times 2^{-2} = (2^3)^{\frac{1}{2}} \times (2^2)^{\frac{1}{4}} \times 2^{-2} = 2^{\frac{3}{2}} \times 2^{\frac{1}{2}} \times 2^{-2}$

$= 2^{\frac{3}{2}+\frac{1}{2}-2} = 2^0 = 1$

(2) $\sqrt[5]{a^3} \times a^{\frac{1}{5}} \div \sqrt[3]{a^2} = (a^3)^{\frac{1}{5}} \times a^{\frac{1}{5}} \div a^{\frac{2}{3}} = a^{\frac{3}{5}+\frac{1}{5}} \div a^{\frac{2}{3}} = a^{\frac{4}{5}-\frac{2}{3}} = a^{\frac{2}{15}}$

(3) $\dfrac{\sqrt[6]{2} \times \sqrt{8}}{\sqrt[3]{4}} = \dfrac{2^{\frac{1}{6}} \times 2^{\frac{3}{2}}}{2^{\frac{2}{3}}} = 2^{\frac{1}{6}+\frac{3}{2}} \div 2^{\frac{2}{3}} = 2^{\frac{5}{3}-\frac{2}{3}} = 2^1 = 2$

(4) $\sqrt[3]{a\sqrt{a\sqrt{a}}} = \sqrt[3]{a\sqrt{a \times a^{\frac{1}{2}}}} = \sqrt[3]{a \times (a^{\frac{3}{2}})^{\frac{1}{2}}}$

$= \sqrt[3]{a^{\frac{7}{4}}} = a^{\frac{7}{4} \times \frac{1}{3}} = a^{\frac{7}{12}} \left(= \sqrt[12]{a^7}\right)$

(5) $\dfrac{9^5 \cdot 81^{-3} \cdot 9^3}{27^{-6} \cdot 9^2} = (3^2)^5 \cdot (3^4)^{-3} \cdot (3^2)^3 \div \left((3^3)^{-6} \cdot (3^2)^2\right)$

$= 3^{10-12+6} \div 3^{-18+4}$

$= 3^4 \div 3^{-14} = 3^{4-(-14)} = 3^{18}$

(6) $\{(a^2b^{-4})^{-3}\}^{-1} \div (a^2b^{-12}) = (a^{-6}b^{12})^{-1} \div a^2b^{-12} = a^6b^{-12} \div a^2b^{-12}$

$= a^{6-2}b^{-12-(-12)} = a^4b^0 = a^4$ ■

임의의 실수 x에 대하여 $a^x(a \neq 1,\ a > 0)$을 대응시키는 함수 $y = a^x$을 a를 밑으로 하는 x의 지수함수라고 한다.

즉, $y = 2^x$, $y = \left(\frac{1}{2}\right)^x$, $y = (\sqrt{3})^x$ 등은 지수함수이다. 지수함수의 정의역은 모든 실수이고 치역은 양의 실수이다.

지수함수 $y = a^x(a \neq 1,\ a > 0)$의 그래프

1) $y = 2^x$의 그래프 : $y = 2^x$에서 x에 여러가지 값을 대입해서 y의 값을 구하여 표를 만들면 다음과 같다.

x	···	−3	−2	−1	0	1	2	3	···
y	···	0.125	0.25	0.5	1	2	4	8	···

위의 대응표를 이용하여 $y = 2^x$의 그래프를 그리면 다음과 같다.

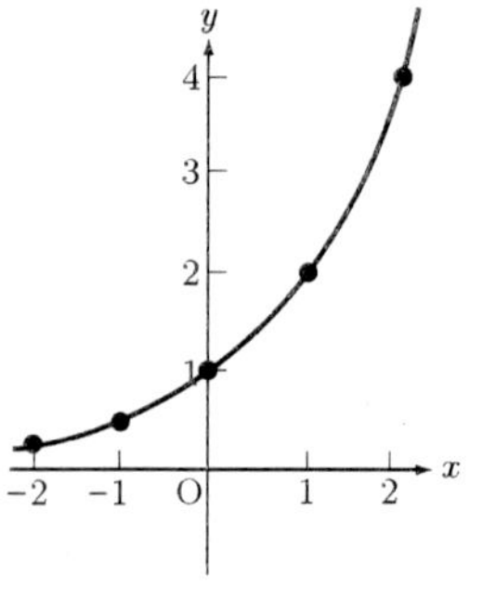

그림 6.19

2) $y=\left(\frac{1}{2}\right)^x$ 의 그래프 : $y=\left(\frac{1}{2}\right)^x=(2^{-1})^x=2^{-x}$ 로 생각할 수 있다. 따라서 $y=\left(\frac{1}{2}\right)^x$ 의 그래프는 $y=2^x$ 의 그래프를 y축에 관하여 대칭이동한 것과 같고 아래와 같다.

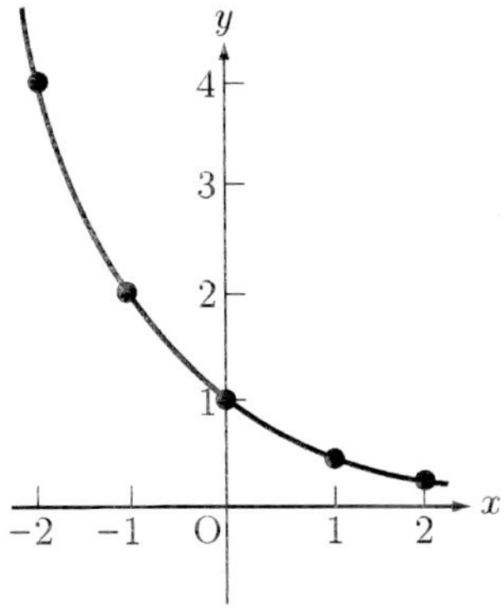

그림 6.20

$y=a^x(a\neq 1,\ a>0)$**의 그래프의 성질**

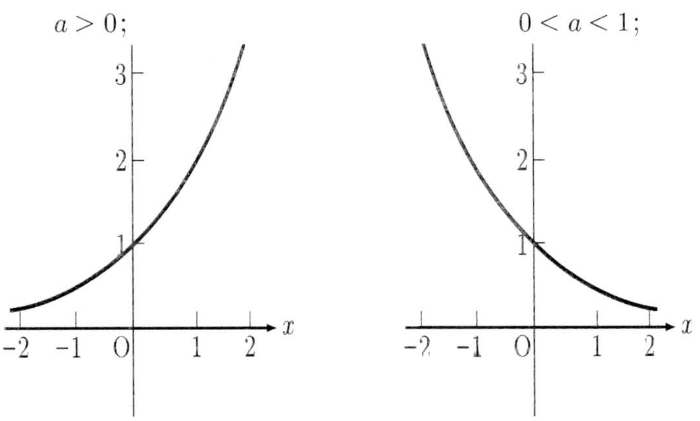

그림 6.21

① 정의역은 실수 전체의 집합이므로 R이고, 치역은 양의 실수 전체의 집합이다.

② x축이 점근선이다.

③ $a>1$일 때는 x값이 증가하면 y의 값도 증가라고, $0<a<1$일 때는 x값이 증가할 때, y의 값은 감소한다.

예제 6.2-2

지수함수 $y=2^x$의 그래프를 이용하며 다음 함수의 그래프를 그려라.

(1) $y=2^{x-1}+2$　　　　(2) $y=2^{|x|}$

풀이 1) $(y-2)=2^{(x-1)}$로서, $y=2^x$의 그래프를 x축 양의 방향으로 1만큼 y축 방향으로 2만큼 평행이동 시킨 것이다.

2) $y=2^{|x|}=\begin{cases} y=2^x, & x\geq 0 \\ y=2^{-x}, & x<0 \end{cases}$

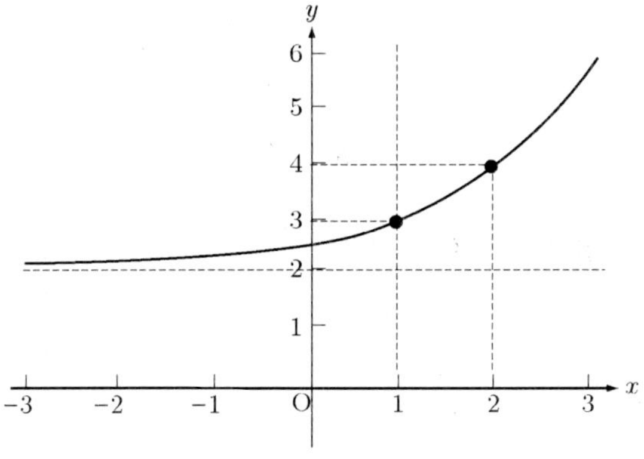

$y=2^{x-1}+2$

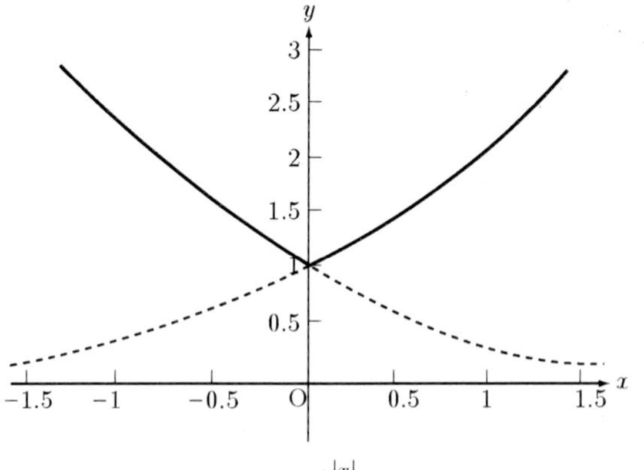

$y=2^{|x|}$

그림 6.22

■

예제 6.2-3

다음 수의 크기를 비교하여라.

(1) $2^{-0.5}$, $2^{\frac{1}{3}}$, $2^{0.3}$

(2) $0.3^{\frac{1}{2}}$, $\sqrt[3]{0.3}$, 0.3^{-2}

풀이 $y=2^x$, $y=0.3^x$의 그래프를 생각한다.

(1) 지수함수 $y=2^x$의 그래프는 단조증가한다.

그러므로 지수의 크기 $-0.5<0.3<\frac{1}{3}$가 그대로 함수값의 크기 순이 된다.

즉,

$$2^{-0.5}<2^{0.3}<2^{\frac{1}{3}}$$

이다.

(2) $y=0.3^x$에서$0<0.3<1$이므로 그 그래프는 단조감소한다. 그러므로 지수 $-2<\frac{1}{3}<\frac{1}{2}$의 크기 순서와는 반대로 함수값의 크기 순이 된다.

$\therefore\ 0.3^{-2}>\sqrt[3]{0.3}>0.3^{\frac{1}{2}}$이 된다. ■

예제 6.2-4

함수 $y=4^x-2^{x+2}(0<x\le 3)$의 최댓값과 최솟값을 구하여라.

풀이 $2^x=t$라 놓으면,

$$4^x=(2^2)^x=(2^x)^2=t^2,\ 2^{x+2}=2^x\cdot 2^2=4t$$

∴ 주어진 식은

$$y=t^2-4t=(t-2)^2-4$$

가 된다. 이 때

$$\therefore\ 1<t\le 8$$

이다.

$y=(t-2)^2-4$의 $1<t\le 8$에서의 최댓값과 최솟값을 구하면 된다. 그러므로 $t=8$일 때 (즉, $x=3$일 때)최댓값은 32, $t=2$일 때 (즉, $x=1$일 때), 최솟값 -4가 된다.

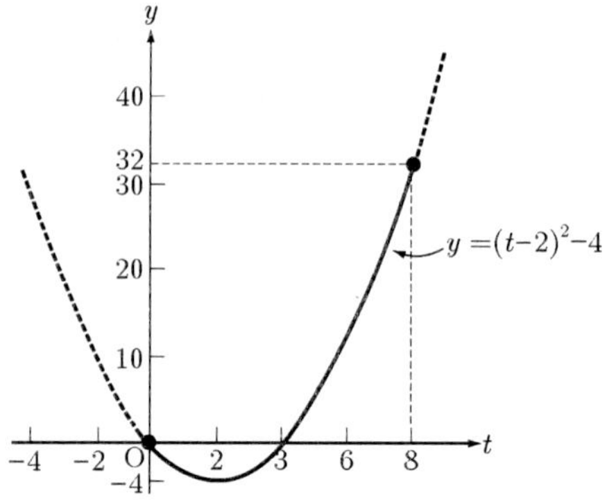

그림 6.23

■

로그함수

- 로그의 정의 -

지수함수 $y=a^x\,(a>0,\ a\neq 1)$은 정의역이 실수 전체의 집합이고 치역은 양의 실수 전체의 집합이다. 또, 정의역의 원소와 치역의 원소는 일대일 대응이므로, 역함수가 존재한다.

즉, $a>0,\ a\neq 1$일 때, 임의의 양수 b에 대하여 $a^x=b$를 만족시키는 실수 x는 오직 하나 존재한다. 이 때, x를 $x=\log_a b$로 나타내고, a를 밑으로 하는 b의 로그라고 한다. b를 $\log_a b$의 진수라고 한다.

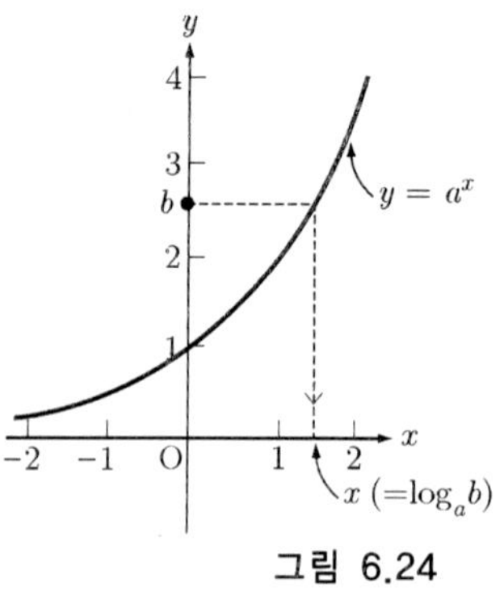

그림 6.24

곧, $a^x = b \Leftrightarrow x = \log_a b \quad (a>0,\ a \neq 1,\ b>0)$ ■

로그의 정의에 의하여

$$y = a^x \quad \Leftrightarrow \quad x = \log_a y \quad (a>0,\ a\neq 1,\ y>0)$$

이다.

$x = \log_a y$에서 x와 y를 바꾸어 쓰면 (즉, $y = x$에 관한 대칭변환), $y = \log_a x$를 얻는다. 이 함수를 a를 밑으로 하는 로그함수라고 한다. 즉, 로그함수는 지수함수의 역함수가 된다.

$y = a^x$	역함수	$y = \log_a x$
① 정의역 : 실수 전체	$\Leftrightarrow$	① 정의역 : $\{x \mid x>0,$ 실수$\}$
② 치역 : $\{y \mid y>0,$ 실수$\}$		② 치역 : 실수 전체
③ 점근선 : x축$(y=0)$		③ 점근선 : y축$(x=0)$

로그의 성질

$a>0,\ a\neq 1$이고, $x>0,\ y>0$일 때

(1) $\log_a a = 1,\ \log_a 1 = 0$

(2) $\log_a xy = \log_a x + \log_a y$

(3) $\log_a \dfrac{x}{y} = \log_a x - \log_a y$

(4) $\log_a x^n = n\log_a x \quad (n :$ 실수$)$

(5) $\log_a x = \dfrac{\log_c x}{\log_c a},\ (c\neq 1,\ c>0)$

(6) $\log_a x = \dfrac{1}{\log_x a},\ (x\neq 1,\ x>0)$

지수 표현을 로그 표현으로, 또 로그 표현을 지수 표현으로 옮겨 가며 로그의 성질을 증명해 보자.

(1) $\log_a 1 = 0 \Leftrightarrow a^0 = 1$

즉, 진수가 1인 로그의 값은 0임.

$$\log_a a = 1 \Leftrightarrow a^1 = a$$

즉, 밑과 진수가 같은 로그의 값은 1이다.

(2) $\log_a x = X$, $\log_a y = Y$라 놓으면

$$a^X = x,\ a^Y = y$$

이다.

$$xy = a^X \cdot a^Y = a^{X+Y} \quad \therefore\ xy = a^{X+Y}$$

이것을 다시 로그 표현으로 바꿔 쓰면

$$\log_a xy = X + Y = \log_a x + \log_a y$$

$$\therefore\ \log_a xy = \log_a x + \log_a y$$

일반적으로, 다음과 같은 성질이 성립한다.

$$\log_a (x_1 \times x_2 \times \cdots \times x_n) = \log_a x_1 + \log_a x_2 + \cdots + \log_a x_n$$

(3) $\log_a x = X$, $\log_a y = Y$라 놓으면 $a^X = x$, $a^Y = y$이다.

$$\frac{x}{y} = \frac{a^X}{a^Y} = a^{X-Y} \quad \therefore\ \frac{x}{y} = a^{X-Y}$$

이것을 다시 로그 표현으로 바꿔 쓰면

$$\log_a \frac{x}{y} = X - Y = \log_a x - \log_a y$$

$$\therefore\ \log_a \frac{x}{y} = \log_a x - \log_a y$$

(4) $\log_a x = X$라 놓으면, $a^X = x$이다.

$$\therefore\ x^n = (a^X)^n = a^{nX} \quad \therefore\ x^n = a^{nX}$$

이것을 다시 로그 표현으로 바꿔 쓰면

$$\log_a x^n = nX = n\log_a x$$

$$\therefore\ \log_a x^n = n\log_a x$$

◆ 밑 변환 공식

(5) $\log_a x = X$라 놓으면, $a^X = x$이다.

$a^X = x$의 양변에 밑이 $c(c>0,\ c\neq 1)$인 로그를 취하면

$$\log_c a^X = \log_c x,\quad X\log_c a = \log_c x$$

$$\therefore\ \log_a x \cdot \log_c a = \log_c x$$

$$\therefore\ \log_a x = \frac{\log_c x}{\log_c a}$$

(6) $\log_a x = X$라 놓으면, $a^X = x$이다.

양변에 밑이 $x(x>0,\ x\neq 1)$인 로그를 취하면

$$\log_x a^X = \log_x x\quad \therefore\ X\log_x a = 1$$

$$\therefore\ \log_a x \cdot \log_x a = 1$$

$$\therefore\ \log_a x = \frac{1}{\log_x a}$$

■

예제 6.2-5

다음 식을 간단히 하여라.

(1) $\log_2 8 - \log_2 \frac{3}{4} + \log_2 6$

(2) $\frac{1}{2}log_2 10 + \log_4 14 - 3\log_8 \sqrt{35}$

풀이 (1) $\log_2 8 - \log_2 \frac{3}{4} + \log_2 6 = \log_2 2^3 - (\log_2 3 - \log_2 2^2) + \log_2(2\times 3)$

$$= 3\log_2 2 - \log_2 3 + 2\log_2 2 + \log_2 2 + \log_2 3$$

$$= 3 - \log_2 3 + 2 + 1 + \log_2 3 = 6$$

(2) 로그의 밑을 2로 통일하면

$$\frac{1}{2}log_2 10+\log_4 14-3\log_8\sqrt{35}$$
$$=\frac{1}{2}log_2(2\times5)+\frac{\log_2(2\times7)}{\log_2 4}-3\times\frac{\log_2\sqrt{35}}{\log_2 8}$$
$$=\frac{1}{2}(\log_2 2+\log_2 5)+\frac{1}{2}(\log_2 2+\log_2 7)-\frac{1}{2}(\log_2 5+\log_2 7)$$
$$=\frac{1}{2}+\frac{1}{2}log_2 5+\frac{1}{2}+\frac{1}{2}log_2 7-\frac{1}{2}log_2 5-\frac{1}{2}log_2 7$$
$$=1$$ ■

특히, 밑을 초월수 $e(\fallingdotseq 2.7182\cdots)$로 하는 로그함수 $y=\log_e x$을 자연로그라 하고, $y=\ln x$로 표기한다. 미분과 적분을 하는 데에는 자연로그가 간편하기 때문에 자연로그를 주로 사용한다. 이 후, 본 책에서도 로그는 자연로그를 사용하기로 하겠다.

$y=\ln x$의 그래프 :

① $y=e^x$의 역함수

② 정의역 : $\{x|x>0,$ 실수$\}$

③ 치역 : 실수 전체

④ x값이 증가하면, y값도 증가(단조 증가)

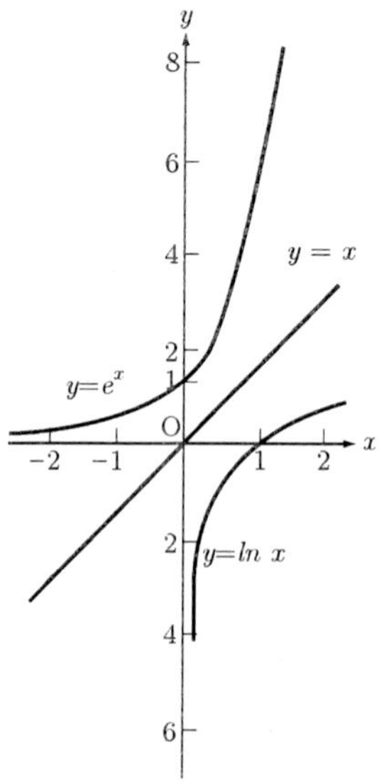

그림 6.25

참고

$e = \lim_{n \to \infty}(1+\frac{1}{n})^n$ 이다.

예제 6.2-6

다음 함수의 역함수를 구하여라.

(1) $y = 3 + \ln(x+1)$

(2) $y = 3 \cdot e^{x-3}$

풀이 역함수를 구하는 법 :

① x에 대하여 푼다.

② x와 y를 서로 바꾼다 (대칭변환)

③ 정의역(원 함수의 치역)을 명시한다.

(1) $\ln(x+1) = y - 3$

$\therefore\ x + 1 = e^{y-3}$

$\therefore\ x = e^{y-3} - 1$

따라서, 구하는 역함수는 $y = e^{x-3} - 1$이고, 정의역은 $\{x | x$는 모든 실수$\}$

(2) $y = 3 \cdot e^{x-3} = 3 \cdot e^{-3} \cdot e^x, \quad (y > 0)$

$\therefore\ y = \frac{3}{e^3} \cdot e^x$

$\therefore\ e^x = \frac{e^3}{3}y$

양변에 자연로그를 취하면,

$$x = \ln\left(\frac{e^3}{3}y\right) = \ln e^3 y - \ln 3$$

$$= \ln e^3 + \ln y - \ln 3$$

$$= 3 - \ln 3 + \ln y$$

그러므로 역함수는 $y = \ln x + 3 - \ln 3, \quad (x > 0)$ ■

예제 6.2-7

$y=|\ln x|$의 그래프를 그려라.

풀이 $y=|\ln x|$에서 $x \geq 1$일 때, $y=\ln x$
$0<x<1$일 때, $y=-\ln x$이고,
정의역은 $x>0$이므로 그래프는 다음과 같다.

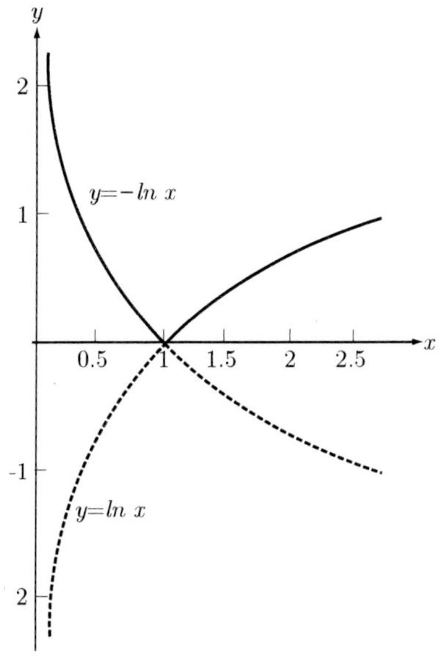

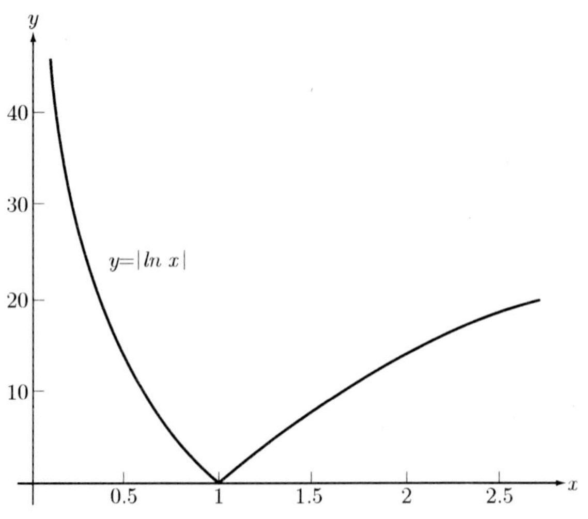

그림 6.26

연습문제 6.2 Exercises

1. (1) $x^{\frac{1}{2}}+x^{-\frac{1}{2}}=2$일 때, $x^{\frac{1}{4}}+x^{-\frac{1}{4}}$의 값을 구하여라.

   (2) $x=\sqrt[3]{3}-\dfrac{1}{\sqrt[3]{3}}$일 때, $2x^3+6x$의 값을 구하여라.

2. 다음 식을 간단히 하여라. (단, $a>0$)

   (1) $(a^{\frac{1}{3}}+a^{-\frac{1}{3}})(a^{\frac{2}{3}}-1+a^{-\frac{2}{3}})$

   (2) $(a^{\frac{1}{2}}+a^{-\frac{1}{2}})^2-(a^{\frac{1}{2}}-a^{-\frac{1}{2}})^2$

3. 다음 식을 $a^{\frac{m}{n}}$꼴로 나타내어라.

   (1) $\sqrt[3]{a^2}$

   (2) $\sqrt[3]{a^{-2}}$

   (3) $\sqrt[5]{\dfrac{1}{a^2}}$

4. $2^x=(\sqrt{2+\sqrt{3}}-\sqrt{2-\sqrt{3}})^{\frac{1}{3}}$을 만족시키는 x의 값을 구하여라.

5. $f(x)=\dfrac{e^x-e^{-x}}{e^x+e^{-x}}$에서 $f(a)=\dfrac{1}{2}$일 때, e^{2a}의 값을 구하여라.

6. $y=2^{1-x}+2$의 그래프를 그려라.

7. 다음 식을 자연로그를 써서 간단히 하여라.

(1) $\ln 3 \cdot \log_3 5 \cdot \log_5 8$

(2) $\ln 3 \cdot \log_3 5 \cdot \log_5 e$

8. 다음 함수의 그래프를 그려라.

(1) $y=-\ln x$

(2) $y=\ln 2x$

9. 함수 $y=\ln(x+\sqrt{x^2-1})\ (x \geq 1)$의 역함수를 구하여라.

CHAPTER
07

미분의 이해

7.1 평균변화율과 변화율

미분은 변화라는 개념으로 설명한다. 이를 정확히 파악하기 위해 평균변화율과 순간변화율(변화율)에 대하여 알아보자.

평균변화율

x_0으로부터 x_0+h까지의 구간에서 함수 $y=f(x)$의 평균변화율은

$$\frac{y\text{의 변화량}}{x\text{의 변화량}}=\frac{f(x_0+h)-f(x_0)}{h}$$

로 정의된다.

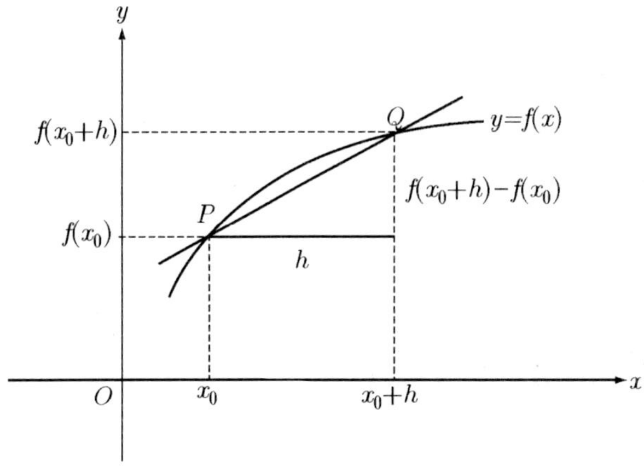

그림 7.1

예제 7.1-1

다음 그림은 50일 동안 실험실에서 초파리 수가 어떻게 증가했는가를 보여준다. 23일 째 되는 날에는 150마리, 45일 째 되는 날에는 340마리였다. P를 초파리의 수라고 할 때, 이 기간의 평균변화율은 어떻게 되는가?

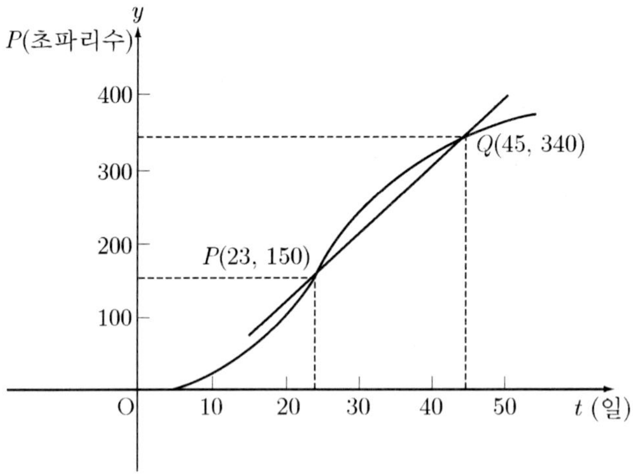

그림 7.2

풀이 평균변화율 : $\dfrac{\text{초파리 수의 변화량}}{\text{시간의 변화량}} = \dfrac{\Delta p}{\Delta t}$

$$= \frac{340-150}{45-23}$$

$$= \frac{190}{22}$$

$$\fallingdotseq 9\text{마리/일}$$ ■

위의 예제에서 구한 평균변화율은 번식곡선 위에 있는 두 점 $P(23, 150)$과 $Q(45, 340)$을 잇는 할선의 기울기이다. 여기에서 점 Q를 곡선을 따라 P 방향으로 옮겨가면서 할선 PQ의 기울기를 살펴보면 다음과 같다.

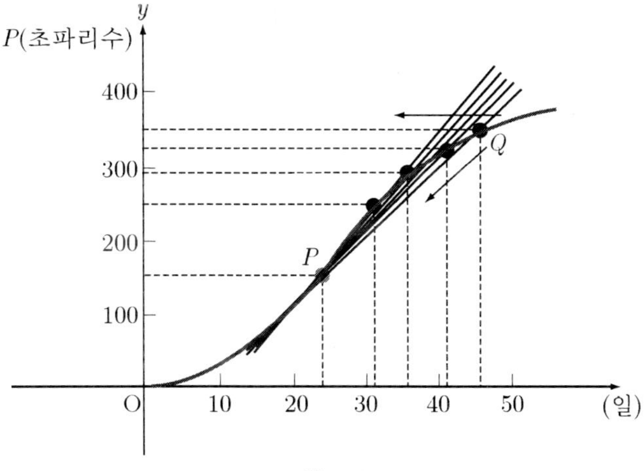

그림 7.3

점 Q가 점 P에 가까워질수록 할선 PQ는 점 P에 그은 접선과 같아짐을 직관적으로 알 수 있다. 그리고 이것을 다음과 같은 식으로 나타낼 수 있다.

$$m_{(23)} = \lim_{\Delta t \to 0} \frac{\Delta p}{\Delta t} = \lim_{\Delta t \to 0} \frac{f(23+\Delta t)-f(23)}{\Delta t}$$

또, 이러한 변화율을 변화율 또는 순간변화율(instaneous rate of change)이라 한다.

접선의 기울기

(1) 곡선 $y=f(x)$의 점 $P(x_0,\ f(x_0))$에서 접선의 기울기 m_t는

$$m_t = \lim_{h\to 0}\frac{f(x_0+h)-f(x_0)}{h}$$

이고 점 P에서의 접선의 방정식은

$y=m_t(x-x_0)+f(x_0)$이다.

(2) 곡선 $y=f(x)$ 위의 한 점에서 오직 하나의 접선을 가질 때, 그 점에서 곡선의 기울기는 접선의 기울기이다.

예제 7.1-2

포물선 $y=x^2$의 점 $P(2,\ 4)$에서 접선의 기울기와 접선의 방정식을 구하여라.

풀이 $x=2$에서 $f(x)=x^2$의 접선의 기울기는

$$\begin{aligned}\lim_{h\to 0}\frac{f(2+h)-f(2)}{h} &= \lim_{h\to 0}\frac{(2+h)^2-2^2}{h}\\ &= \lim_{h\to 0}\frac{4h+h^2}{h}\\ &= \lim_{h\to 0}(4+h)\\ &= 4\end{aligned}$$

또, 점(2, 4)에서의 접선의 방정식은

$$y=4(x-2)+4.$$

곧, $y=4x-4$이다. ■

예제 7.1-3

고무풍선에 바람을 넣고 있다. 풍선이 완전한 구형이라고 할 때, 반지름(r)이 5cm가 되는 순간의 반지름에 대한 체적의 변화율을 구하라.

풀이 체적을 V, 반지름을 r이라 하면 $V=\frac{4}{3}\pi r^3$이 된다.

$$\frac{\Delta V}{\Delta r}=\frac{\frac{4}{3}\pi(r+\Delta r)^3-\frac{4}{3}\pi r^3}{\Delta r}$$

$$=\frac{\frac{4}{3}\pi\{(r^3+3r^2\Delta r+3r(\Delta r)^2+(\Delta r)^3)-r^3\}}{\Delta r}$$

$$=\frac{4}{3}\pi(3r^2+3r\Delta r+(\Delta r)^2)$$

따라서, V의 변화율 $=\lim_{\Delta r\to 0}\frac{\Delta V}{\Delta r}$

$$=\lim_{\Delta r\to 0}\frac{4}{3}\pi(3r^2+3r\Delta r+(\Delta r)^2)$$

$$=4\pi r^2$$ ■

위에서 V의 변화율 $4\pi r^2$은 반지름이 r인 구의 표면적과 같다.

연습문제 7.1 Exercises

1. $y = 1 - x^2$에 대하여
   (1) 그래프를 그려라.
   (2) 곡선 위의 두 점 (0, 1)과 (1, 0)을 이은 할선의 기울기를 구하여라.
   (3) 점 (1, 0)에서 접선의 기울기를 구하여라.
   (4) 점 (1, 0)에서 접선의 방정식을 구하여라.

2. $y = \dfrac{1}{x}$의 그래프를 그리고 점 $P(1,\ 1)$과 $Q(-1,\ -1)$에서의 접선의 기울기를 구하여라.

3. $y = x^3$의 그래프를 그리고 x의 좌표가 각각 $x = -1,\ 0,\ 1,\ 2$인 곡선 위의 점에서 접선의 방정식을 구하여라.

4. t초 동안에 $t^2 + t$만큼 불어나는 박테리아를 배양 중이다.
   (1) $2 \le t \le 3$ 사이의 평균증가율을 구하여라.
   (2) $t = 2$에서의 변화율을 구하여라.

5. $x = a$에서 접선의 방정식을 구하여라.
   (1) $f(x) = 3x^2$; $a = 3$
   (2) $f(x) = x^2 - x$; $a = 2$
   (3) $f(x) = x^3$; $a = 0$
   (4) $f(x) = 2x^3 + 1$; $a = -1$
   (5) $f(x) = \sqrt{x+1}$; $a = 8$
   (6) $f(x) = x^4$; $a = -2$

7.2 도함수

함수 $y=f(x)$의 그래프 위의 점 $P(x,\ f(x))$, $Q(x+h,\ f(x+h))$에서 할선 PQ의 기울기는 다음과 같음을 알았다.

$$\text{할선 } PQ\text{의 기울기} = \frac{\Delta y}{\Delta x} = \frac{f(x+h)-f(x)}{h}$$

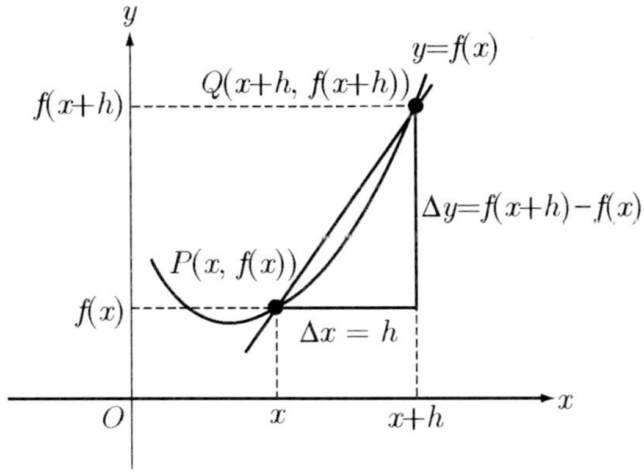

그림 7.4

점 P에서 곡선의 기울기는 그래프를 따라 Q가 P로 접근할 때 할선 PQ의 기울기의 극한이다. 곧,

$$\lim_{h \to 0} \frac{f(x+h)-f(x)}{h} \tag{1}$$

인데 이 또한 그 자체가 x의 함수이다.

이 함수를 $f(x)$의 도함수라고 부르며 $f'(x)$으로 표기한다.

식 (1)에서 극한이 존재하면 f는 x에서 도함수를 갖는다(미분가능)고 한다. f가 정의역의 모든 점에서 도함수를 가지면 f는 미분가능이라고 한다.

도함수

함수 $y=f(x)$의 도함수(derivative) $f'(x)$은 $f(x)$가 미분가능한 점들의 집합을 정의역으로 하여 다음과 같이 정의한다.

$$f'(x)=\lim_{h\to 0}\frac{f(x+h)-f(x)}{h}$$

분수식 $\frac{f(x+h)-f(x)}{h}$는 x에서 구한 f의 뉴턴분수식이라고 한다. $y=f(x)$의 도함수를 표시할 때, $f'(x)$, y', $\frac{dy}{dx}$, $\frac{df}{dx}$, D_xf 등을 사용하기도 한다. 그리고 도함수를 구하는 것을 미분이라고 한다. 즉, 함수 $f(x)$로부터 도함수 $f'(x)$을 얻는 연산을 미분이라고 한다.

예제 7.2-1

함수 $f(x)=x^2+1$의 도함수 $f'(x)$를 정의에 의하여 구하여라.

풀이

$$\begin{aligned}f'(x)&=\lim_{h\to 0}\frac{f(x+h)-f(x)}{h}\\&=\lim_{h\to 0}\frac{\{(x+h)^2+1\}-\{x^2+1\}}{h}\\&=\lim_{h\to 0}\frac{2xh+h^2}{h}\\&=\lim_{h\to 0}(2x+h)\\&=2x\end{aligned}$$

따라서 $f(x)$의 도함수는 모든 실수에서 정의되고 $f'(x)=2x$이다. ■

예제 7.2-2

함수 $f(x) = \sqrt{x}$ 의 도함수를 구하고 점 (4, 2)에서의 접선의 방정식을 구하여라.

풀이 함수 $f(x)$의 정의역은 $[0, \infty)$이다.

$x > 0$일 때,

$$\begin{aligned} f'(x) &= \lim_{h\to 0}\frac{f(x+h)-f(x)}{h} \\ &= \lim_{h\to 0}\frac{\sqrt{x+h}-\sqrt{x}}{h} \\ &= \lim_{h\to 0}\frac{(\sqrt{x+h}-\sqrt{x})(\sqrt{x+h}+\sqrt{x})}{h(\sqrt{x+h}+\sqrt{x})} \\ &= \lim_{h\to 0}\frac{(x+h)-x}{h(\sqrt{x+h}+\sqrt{x})} \\ &= \lim_{h\to 0}\frac{1}{\sqrt{x+h}+\sqrt{x}} \\ &= \frac{1}{2\sqrt{x}} \end{aligned}$$

$x = 0$일 때, $f'(x)$는 존재하지 않는다. 따라서, $f(x)$의 도함수는 $(0, \infty)$에서 정의되고

$$f'(x) = \frac{1}{2\sqrt{x}}$$

이다.

한편, 점(4, 2)에서의 접선의 기울기는

$$f'(4) = \frac{1}{2\sqrt{4}} = \frac{1}{4}$$

이고, 주어진 점에서의 접선의 방정식은

$$\begin{aligned} y &= \frac{1}{4}(x-4)+2 \\ &= \frac{1}{4}x+1 \end{aligned}$$

이다. ■

좌도함수, 우도함수

(1) 함수 $y=f(x)$의 $x=a$에서의 좌도함수(left hand derivative) $f'_-(a)$와 우도함수(right hand derivative) $f'_+(a)$는 다음과 같이 정의된다.

$$f'_-(a)=\lim_{x\to a^-}\frac{f(x)-f(a)}{x-a}$$

$$f'_+(a)=\lim_{x\to a^+}\frac{f(x)-f(a)}{x-a}$$

(2) 함수 $y=f(x)$에서 $f'(x)$가 존재하기 위한 필요충분조건은 $f'_+(a)$와 $f'_-(a)$가 존재하고,

$$f'_-(a)=f'_+(a)$$

이다. 이 때

$$f'(a)=f'_+(a)=f'_-(a)$$

이다.

예제 7.2-3

$x=0$에서 $y=|x|$의 미분가능성을 조사하여라.

풀이 $x=0$에서 좌도함수와 우도함수를 구하여 보자.

$$f'_-(0)=\lim_{x\to 0^-}\frac{f(x)-f(0)}{x-0}$$

$$=\lim_{x\to 0^-}\frac{|x|}{x}$$

$$=-1$$

$$f'_+(0)=\lim_{x\to 0^+}\frac{f(x)-f(0)}{x-0}$$

$$=\lim_{x\to 0^+}\frac{|x|}{x}$$

$$=1$$

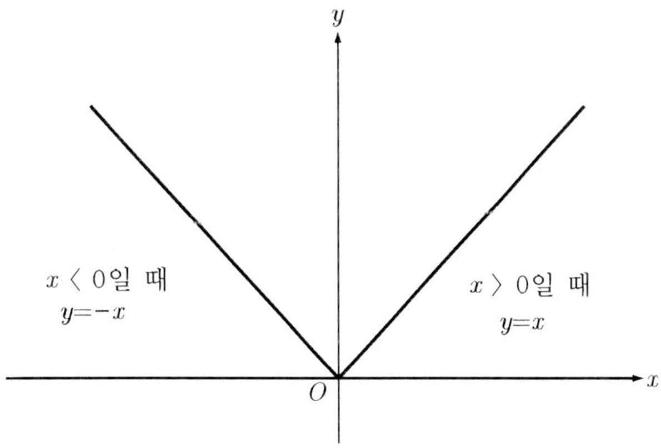

그림 7.5

$f'_-(0) \neq f'_+(0)$이므로 $f(x)=|x|$는 $x=0$에서 미분가능하지 않다. ■

미분가능성

(1) 함수 f가 개구간 $(a,\ b)$의 모든 점에서 미분가능 할 때 함수 f는 $(a,\ b)$에서 미분가능하다고 한다.

(2) 함수 f가 개구간 $(a,\ b)$에서 미분가능하고 a에서의 우도함수와 b에서의 좌도함수가 존재할 때 함수 f는 폐구간 $[a,\ b]$에서 미분가능하다고 한다.

(3) 미분가능 함수의 중요한 성질 중 하나는 그 함수가 연속성을 갖는 것이다. 함수 $f(x)$가 $x=a$에서 미분가능하면 함수 f는 $x=a$에서 연속이다.

증명 (3) 함수 $f(x)$가 $x=a$에서 연속이려면 $\lim_{x\to a} f(x)=f(a)$임을 보이면 된다.

$$\begin{aligned}\lim_{x\to a} f(x) &= \lim_{x\to a}\left\{f(a)+\frac{f(x)-f(a)}{x-a}(x-a)\right\}\\ &= \lim_{x\to a} f(a)+\lim_{x\to a}\frac{(f(x)-f(a))}{x-a}\cdot\lim_{x\to a}(x-a)\\ &= f(a)+f'(a)\cdot 0\\ &= f(a)\end{aligned}$$

■

함수 $y=f(x)$의 도함수 $f'(x)$를 1계도함수(first derivative)라 하고, 1계도함수의 도함수가 존재할 때, 이 도함수를 $f(x)$의 2계도함수(second derivative)라 하며 y'', $f''(x)$, $\frac{d^2y}{dx^2}$, $\frac{d^2f(x)}{dx^2}$, $D^2f(x)$ 등으로 나타낸다.

일반적으로 $n \geq 2$일 때, n계도함수는 $y^{(n)}$, $f^{(n)}(x)$, $\frac{d^ny}{dx^n}$, $\frac{d^nf(x)}{dx^n}$, $D^nf(x)$ 등으로 나타내고 이를 $f(x)$의 고계도함수(higher derivative)라 한다.

연습문제 7.2

Exercises

1. 도함수의 정의에 따라 $f'(1)$을 구하여라.

(1) $f(x) = x^2 - 2x$

(2) $f(x) = \sqrt{2x+1}$

(3) $f(x) = \dfrac{x}{x-5}$

(4) $f(x) = \dfrac{x}{x^2+1}$

(5) $f(x) = x + |x|$

(6) $f(x) = \dfrac{1}{\sqrt{x+1}}$

2. 다음에서 $f'(a)$를 구하고 점$(a,\ f(a))$에서 접선의 방정식을 구하여라.

(1) $f(x) = 3x^2$; $a = 3$

(2) $f(x) = x^2 - x$; $a = 2$

(3) $f(x) = x^3$; $a = 0$

(4) $f(x) = 2x^3 + 1$; $a = -1$

(5) $f(x) = \sqrt{x+1}$; $a = 8$

(6) $f(x) = x^2 + 2$; $a = -2$

3. $y = 4x^2 + 2$에서 다음을 구하여라.

(1) $\dfrac{dy}{dx}$

(2) $\dfrac{d^2y}{dx^2}$

4. $y = \dfrac{5}{x} + 1$에서 다음을 구하여라.

(1) $\dfrac{dy}{dx}$

(2) $\left.\dfrac{dy}{dx}\right|_{x=-2}$

(3) $\dfrac{d^2y}{dx^2}$

(4) $\left.\dfrac{d^2y}{dx^2}\right|_{x=1}$

7.3 미분법

여기에서는 도함수를 구할 때 유용하게 사용되는 공식들을 살펴본다.

상수함수의 도함수

c가 한 상수일 때, $f(x) = c$이면

$$\frac{d}{dx}(c) = 0$$

증명

$$\begin{aligned} f'(x) &= \lim_{h\to 0}\frac{f(x+h)-f(x)}{h} \\ &= \lim_{h\to 0}\frac{c-c}{h} \\ &= \lim_{h\to 0}0 \\ &= 0 \end{aligned}$$

■

거듭제곱의 미분

n이 자연수일 때,

$$\frac{d}{dx}(x^n) = nx^{n-1}.$$

(곧, x의 지수 n에서 1을 빼고 전체에 n을 곱한다.)

증명 $f(x) = x^n$이라 하고 도함수의 정의를 적용한다.

$$\begin{aligned} f'(x) &= \lim_{h\to 0}\frac{f(x+h)-f(x)}{h} = \lim_{h\to 0}\frac{(x+h)^n - x^n}{h} \\ &= \lim_{h\to 0}\frac{\left(x^n + nx^{n-1}h + \frac{n(n-1)}{2}x^{n-2}h^2 + \cdots + nxh^{n-1} + h^n\right) - x^n}{h} \\ &= \lim_{h\to 0}nx^{n-1} + \lim_{h\to 0}\left(\frac{n(n-1)}{2}x^{n-2}h + \cdots + nxh^{n-2} + h^{n-1}\right) \\ &= nx^{n-1} \end{aligned}$$

■

상수곱의 미분

k는 상수이고, $f(x)$가 미분가능인 함수이면

$$(kf)'(x)=kf'(x)$$

이다.

증명

$$\begin{aligned}(kf)'(x)&=\lim_{h\to 0}\frac{kf(x+h)-kf(x)}{h}\\&=\lim_{h\to 0}\frac{(f+g)(x+h)-(f+g)(x)}{h}\\&=\lim_{h\to 0}\frac{k(f(x+h)-f(x))}{h}\\&=k\cdot\lim_{h\to 0}\frac{f(x+h)-f(x)}{h}\\&=kf'(x)\end{aligned}$$

■

합과 차의 미분

f와 g가 미분가능인 함수이면 $f\pm g$의 도함수는 $(f\pm g)'(x)=f'(x)\pm g'(x)$이다.

증명

(1)
$$\begin{aligned}(f+g)'(x)&=\lim_{h\to 0}\frac{[(f+h)(x+h)]-(f+g)(x)}{h}\\&=\lim_{h\to 0}\frac{[f(x+h)+g(x+h)]-[f(x)+g(x)]}{h}\\&=\lim_{h\to 0}\left[\frac{f(x+h)-f(x)}{h}+\frac{g(x+h)-g(x)}{h}\right]\\&=\lim_{h\to 0}\frac{f(x+h)-f(x)}{h}+\lim_{h\to 0}\frac{g(x+h)-g(x)}{h}\\&=f'(x)+g'(x)\end{aligned}$$

(2)
$$\begin{aligned}(f-g)'(x)&=(f+(-1)g)'(x)\\&=f'(x)+((-1)g)'(x)\\&=f'(x)-g'(x)\end{aligned}$$

■

예제 7.3-1

$y=2x^4+3x^3+x^2-5$의 도함수를 구하여라.

풀이 $y'=(2x^4+3x^3+x^2-5)'$

$=(2x^4)'+(3x^3)'+(x^2)'-(5)'$

$=2(x^4)'+3(x^3)'+(x^2)'-0$

$=8x^3+9x^2+2x$ ■

곱의 미분

f와 g가 미분가능한 함수이면

$$(fg)'(x)=f(x)g'(x)+f'(x)g(x)$$

이다.

증명 $(fg)'(x)=\lim\limits_{h\to 0}\dfrac{f(x+h)g(x+h)-f(x)g(x)}{h}$

$=\lim\limits_{h\to 0}\dfrac{f(x+h)g(x+h)-f(x+h)g(x)+f(x+h)g(x)-f(x)g(x)}{h}$

$=\lim\limits_{h\to 0}f(x+h)\cdot\dfrac{(g(x+h)-g(x))}{h}+\lim\limits_{h\to 0}\dfrac{(f(x+h)-f(x))}{h}\cdot g(x)$

$=f(x)\cdot g'(x)+f'(x)\cdot g(x)$ ■

예제 7.3-2

$y=(3x^2-1)(x^3-5)$의 도함수를 구하여라.

풀이 $y'=(3x^2-1)(x^3-5)'+(3x^2-1)'(x^3-5)$

$=(3x^2-1)\cdot(3x^2)+(6x)\cdot(x^3-5)$

$=15x^4-3x^2-30x$ ■

몫의 미분

f와 g가 미분가능한 함수이고, $g(x) \neq 0$이면

$$\left(\frac{f}{g}\right)'(x) = \frac{f'(x)g(x) - f(x)g'(x)}{(g(x))^2}$$

이다.

증명

$$\begin{aligned}
\left(\frac{f}{g}\right)'(x) &= \lim_{h\to 0}\frac{\dfrac{f(x+h)}{g(x+h)} - \dfrac{f(x)}{g(x)}}{h} \\
&= \lim_{h\to 0}\frac{g(x)f(x+h) - f(x)g(x+h)}{h}\cdot\frac{1}{g(x)g(x+h)} \\
&= \lim_{h\to 0}\frac{g(x)f(x+h) - g(x)f(x) + g(x)f(x) - f(x)g(x+h)}{h}\cdot\frac{1}{g(x)g(x+h)} \\
&= \lim_{h\to 0}\left\{g(x)\cdot\frac{f(x+h)-f(x)}{h} - f(x)\cdot\frac{g(x+h)-g(x)}{h}\right\}\cdot\frac{1}{g(x)g(x+h)} \\
&= \frac{g(x)\cdot f'(x) - f(x)\cdot g'(x)}{(g(x))^2}
\end{aligned}$$

■

예제 7.3-3

$y = \dfrac{3x-1}{x^2+1}$의 도함수를 구하여라.

풀이

$$\begin{aligned}
y' &= \frac{(3x-1)'(x^2+1) - (3x-1)(x^2+1)'}{(x^2+1)^2} \\
&= \frac{3(x^2+1) - 2x(3x-1)}{(x^2+1)^2} \\
&= \frac{-3x^2+2x+3}{(x^2+1)^2}
\end{aligned}$$

■

음의 정수 지수의 미분

n이 음의 정수이고 $x \neq 0$이면, $\dfrac{d}{dx}(x^n) = nx^{n-1}$이다.

증명 몫의 미분공식을 이용하면 쉽게 증명된다. n이 음의 정수이므로 $n = -m$인 자연수 m을 생각하자. 그러면

$$x^n = x^{-m} = \frac{1}{x^m} \text{ 이고}$$

$$\begin{aligned}
\frac{d}{dx}(x^n) &= \frac{d}{dx}\left(\frac{1}{x^m}\right) \\
&= \frac{x^m \cdot (1)' - 1 \cdot (x^m)'}{(x^m)^2} \quad \text{(몫의 미분공식)} \\
&= \frac{0 - mx^{m-1}}{x^{2m}} \\
&= -mx^{-m-1} \quad (-m = n \text{이므로}) \\
&= nx^{n-1}
\end{aligned}$$

■

예제 7.3-4

(a) $\dfrac{d}{dx}\left(\dfrac{1}{x}\right) = \dfrac{d}{dx}(x^{-1}) = (-1)x^{-2} = -\dfrac{1}{x^2}$

(b) $\dfrac{d}{dx}\left(\dfrac{4}{x^3}\right) = 4\dfrac{d}{dx}(x^{-3}) = 4 \times (-3)x^{-4} = -\dfrac{12}{x^4}$

(c) $\dfrac{d}{dx}\left(x + \dfrac{2}{x}\right) = \dfrac{d}{dx}(x) + \dfrac{d}{dx}\left(\dfrac{2}{x}\right)$

$$\begin{aligned}
&= 1 + 2\frac{d}{dx}(x^{-1}) \\
&= 1 + 2 \times (-1)x^{-2} \\
&= 1 - \frac{2}{x^2}
\end{aligned}$$

■

연습문제 7.3 Exercises

1. 다음 함수의 도함수를 구하여라.

(1) $y = 4x^7$

(2) $y = 3x^2 - 2x + 1$

(3) $y = \pi^3$

(4) $y = \sqrt{2}\,x - \dfrac{1}{\sqrt{2}}$

(5) $y = -3x^{-8}$

(6) $y = 7x^{-6}$

(7) $y = x^{-3} + \dfrac{1}{x^7}$

(8) $y = x - \dfrac{1}{x}$

(9) $y = (3x^2 + 6)\left(2x - \dfrac{1}{4}\right)$

(10) $y = \left(\dfrac{1}{x} - \dfrac{1}{x^2}\right)(3x^8 + 27)$

(11) $y = (2 - x + 3x^3)(7 + x^5)$

(12) $y = (x^5 + 2x^2)^2$

(13) $y = \dfrac{2x}{2x+1}$

(14) $y = \dfrac{x^2+1}{3x}$

2. 다음 곡선의 점 $P\left(2,\ -\dfrac{1}{3}\right)$에서의 접선의 방정식을 구하여라.

$$y = \frac{1-x}{1+x}$$

3. 곡선 $y = ax^2 + bx$가 점$(1,\ 5)$에서 기울기 8인 접선을 가질 때 a, b 값을 정하여라.

4. 곡선 $y = x^2 + k$가 직선 $y = 2x$를 접선으로 갖도록 k 값을 정하여라.

5. 다음 곡선(뉴턴의 뱀) 위의 원점과 점$(1,\ 2)$에서 접선의 방정식을 구하라.

$$y = \frac{4x}{x^2+1}$$

7.4 부정형과 로피탈의 법칙

17세기 후반 베르누이(J. Bernoulli)는 분모와 분자가 동시에 0으로 접근하는 형태의 극한을 쉽게 계산할 수 있는 공식을 발견하였다. 이 공식은 로피탈(L'Hôpital; 1661~1704)이 지은 미적분학 교과서를 통하여 처음으로 알려졌기 때문에 로피탈의 공식이라 불린다. 이 공식을 잘 적용하면, 다른 방법으로 계산하기 어려운 극한을 쉽고 빠르게 계산할 수 있다.

■ 부정형 $\frac{0}{0}$

f와 g가 $x=a$에서 연속이고 $f(x)=g(a)=0$이면 $\lim_{x\to a}\frac{f(x)}{g(x)}$을 계산할 때 $x=a$를 바로 대입할 수 없다. 이와 같은 꼴의 극한을 부정형이라고 한다.

로피탈의 공식-첫 번째 형태

f와 g가 $x=a$에서 미분가능하고 $f(a)=g(a)=0$이며, $g'(a)\neq 0$이면 다음이 성립한다.

$$\lim_{x\to a}\frac{f(x)}{g(x)}=\frac{f'(a)}{g'(a)}$$

증명 $f'(a)$와 $g'(a)$에서 시작하여 다음과 같이 유도하면 된다.

$$\begin{aligned}\frac{f'(a)}{g'(a)}&=\frac{\lim_{x\to a}\frac{f(x)-f(a)}{x-a}}{\lim_{x\to a}\frac{g(x)-g(a)}{x-a}}\\&=\lim_{x\to a}\frac{\frac{f(x)-f(a)}{x-a}}{\frac{g(x)-g(a)}{x-a}}\\&=\lim_{x\to a}\frac{f(x)-f(a)}{g(x)-g(a)}\end{aligned}$$

$$= \lim_{x \to a} \frac{f(x) - 0}{g(x) - 0}$$

$$= \lim_{x \to a} \frac{f(x)}{g(x)}$$ ■

예제 7.4-1

(a) $\lim_{x \to 0} \frac{\sqrt{1+x} - 1}{x} = \lim_{x \to 0} \frac{\frac{1}{2\sqrt{1+x}}}{1} = \frac{1}{2}$

(b) $\lim_{x \to 0} \frac{3x - \sin x}{x} = \lim_{x \to 0} \frac{3 - \cos x}{1} = 2$

(단, $(\sin x)' = \cos x$) ■

코시(cauchy)의 평균값정리

함수 $f(x)$와 $g(x)$가 $[a, b]$에서 연속이고 (a, b)에서 미분가능할 때, (a, b)에서 $g'(x) \neq 0$이면,

$$\frac{f(b) - f(a)}{g(b) - g(a)} = \frac{f'(c)}{g'(c)}$$

를 만족하는 c가 (a, b)내에 존재한다.

증명

함수 $g(x)$에 대하여 평균값정리를 사용하면,

$$\frac{g(b) - g(a)}{b - a} = g'(c)$$

가 되는 점 c가 (a, b)내에 존재한다. 그러나 (a, b)에서 $g'(x) \neq 0$이므로 $g'(c) \neq 0$이다. 따라서 $g(b) - g(a) \neq 0$. 여기에서 다음과 같은 함수 $F(x)$를 생각하면

$$F(x) = f(x) - f(a) - \frac{f(b) - f(a)}{g(b) - g(a)}(g(x) - g(a))$$

함수 $F(x)$는 롤의 정리를 만족한다. 따라서 $F'(c) = 0$인 점 c가 (a, b) 내에 존

재한다. 곧,

$$F'(c)=f'(c)-\frac{f(b)-f(a)}{g(b)-g(a)}\cdot g'(c)=0$$

또는

$$\frac{f(b)-f(a)}{g(b)-g(a)}=\frac{f'(c)}{g'(c)}$$

이다. ■

코시의 평균값정리에서 $g(x)=x$라 하면 평균값정리와 일치한다. 코시의 평균값정리를 이용하면 다음과 같은 일반화된 로피탈의 공식을 증명할 수 있다.

로피탈의 공식-일반화된 형태

$f(a)=g(a)=0$이고 $f(x)$와 $g(x)$가 a를 포함한 개구간 I에서 미분가능하며, a를 제외한 개구간 I 내의 모든 점에서 $g'(x)\neq 0$이면

$$\lim_{x\to a}\frac{f(x)}{g(x)}=\lim_{x\to a}\frac{f'(x)}{g'(x)}$$

이다.

증명 $x\to a^+$일 때, 폐구간 $[a,\ x]$에서 코시의 평균값정리를 적용하면 a와 x 사이의 값 c가 존재하여

$$\frac{f(x)-f(a)}{g(x)-g(a)}=\frac{f'(c)}{g'(c)}$$

이다. 그러나 $f(a)=g(a)=0$이고 $x\to a^+$일 때, $c\to a^+$이다.

$$\lim_{x\to a^+}\frac{f(x)}{g(x)}=\lim_{x\to a^+}\frac{f'(c)}{g'(c)}=\lim_{c\to a^+}\frac{f'(c)}{g'(c)}=\lim_{x\to a^+}\frac{f'(x)}{g'(x)}$$

(c와 x의 움직임을 동일하게 보아도 됨)

$x\to a^-$일 때, 폐구간 $[x,\ a]$에서 코시의 평균값정리를 적용하면

$$\lim_{x\to a^-}\frac{f(x)}{g(x)}=\lim_{x\to a^-}\frac{f'(c)}{g'(c)}=\lim_{c\to a^-}\frac{f'(c)}{g'(c)}=\lim_{x\to a^-}\frac{f'(x)}{g'(x)},\ c\in(x,\ a)$$

이다. 따라서

$$\lim_{x\to a}\frac{f(x)}{g(x)}=\lim_{x\to a}\frac{f'(x)}{g'(x)}$$ ■

로피탈의 공식에서 $\lim_{x\to a}$는 $\lim_{x\to\pm\infty}$로 바꾸어도 같은 결과를 얻을 수 있다. 이 경우에는 $\lim_{x\to\pm\infty} f(x) = \lim_{x\to\pm\infty} g(x) = 0$이 성립하면 된다. 로피탈의 공식(일반형)은 $\frac{0}{0}$형태의 극한 문제 $\lim_{x\to a}\frac{f(x)}{g(x)}$에 있어서 $\frac{0}{0}$형태가 계속되는 한 연속적으로 로피탈의 공식을 사용할 수 있음을 의미한다. 따라서 분자와 분모 중 어느 한 도함수의 극한값이 0이 아닐 때까지 연속적으로 로피탈의 공식을 적용하여 원하는 극한값을 구할 수 있다.

예제 7.4-2

$$\lim_{x\to 0}\frac{\sqrt{1+x}-1-\frac{1}{2}x}{x^2} \qquad \left(\frac{0}{0}\ 형태\right)$$

$$=\lim_{x\to 0}\frac{\frac{1}{2\sqrt{1+x}}-\frac{1}{2}}{2x} \qquad \left(\frac{0}{0}\ 형태\right)$$

$$=\lim_{x\to 0}\frac{-\frac{1}{4(1+x)^{\frac{3}{2}}}}{2}$$

$$=-\frac{1}{8}$$

■

■ 그 밖의 부정형

$\frac{\infty}{\infty}$ 형태의 부정형으로 된 극한에 대하여도 로피탈의 공식은 성립한다. 여기에서는 증명없이 소개한다. x가 a로 접근함에 따라 $f(x)$와 $g(x)$가 모두 무한대로 가면, 다음이 성립한다.

$$\lim_{x\to a}\frac{f(x)}{g(x)}=\lim_{x\to a}\frac{f'(x)}{g'(x)}$$

예제 7.4-3

$\lim_{x\to\infty}\frac{x+3x^2}{4x+7x^3}$을 구하여라.

풀이 $\frac{\infty}{\infty}$ 형태의 로피탈의 공식을 취하면,

$$\begin{aligned}\lim_{x\to\infty}\frac{x+3x^2}{4x+7x^3}&=\lim_{x\to\infty}\frac{1+6x}{4+21x^2} \qquad \left(\frac{\infty}{\infty}\text{ 형태}\right)\\&=\lim_{x\to\infty}\frac{6}{42x}\\&=0\end{aligned}$$

■

$\infty\cdot 0$이나 $\infty-\infty$꼴의 부정형도 식을 적당히 변형하여 $\frac{0}{0}$ 또는 $\frac{\infty}{\infty}$꼴로 만들 수 있으면 로피탈의 공식을 적용할 수 있다.

($\infty\cdot 0$이나 $\frac{\infty}{\infty}$는 0/0이나 $\frac{\infty}{\infty}$와 마찬가지로 어떤 특정한 수를 나타내는 것이 아니라 극한의 꼴을 나타내는 기호로 이해해야 한다.)

예제 7.4-4

$\lim_{x\to 0^+}x\cot x$를 구하여라.

(단, $\cot x=\frac{1}{\tan x}$이고$(\tan x)'=\sec^2 x$이다.)

풀이 $\cot x=\frac{1}{\tan x}$이므로

$$\begin{aligned}\lim_{x\to 0^+}x\cot x&=\lim_{x\to 0^+}\frac{x}{\tan x} \qquad \left(\frac{0}{0}\text{ 형태}\right)\\&=\lim_{x\to 0^+}\frac{1}{\sec^2 x} \qquad \left(\sec x=\frac{1}{\cos x}\right)\\&=\frac{1}{1}=1\end{aligned}$$

■

예제 7.4-5

$\lim_{x\to0^+} x^x$을 구하여라.

풀이 $x\to0^+$이면 x^x는 0^0 형태의 부정형이다.

$y=x^x$로 놓고 자연로그를 취한다. 곧

$$\ln y = x\ln x$$

따라서

$$\lim_{x\to0^+}\ln y=\lim_{x\to0^+}x\ln x=\lim_{x\to0^+}\frac{\ln x}{\frac{1}{x}} \qquad (*)$$

(*)에 로피탈의 공식을 적용하면

$$\lim_{x\to0^+}\frac{\ln x}{\frac{1}{x}}=\lim_{x\to0^+}\frac{\frac{1}{x}}{-\frac{1}{x^2}}=\lim_{x\to0^+}(-x)=0$$

그러므로

$$\lim_{x\to0^+}x^x=\lim_{x\to0^+}y=\lim_{x\to0^+}e^{\ln y}=e^0=1$$

이다. ■

연습문제 7.4 Exercises

1. 다음 극한을 구하여라.

(1) $\lim_{x\to 2}\frac{x^3-x^2-4}{x^2-4}$ (2) $\lim_{x\to 2}\frac{x-2}{x^2-4}$

(3) $\lim_{t\to\infty}\frac{6t+5}{3t-8}$ (4) $\lim_{x\to 1}\frac{x^3-1}{4x^3-x-3}$

(5) $\lim_{x\to\infty}\frac{5x^2-3x}{7x^2+1}$ (6) $\lim_{x\to\infty}\frac{x-2x^2}{3x^2+5x}$

(7) $\lim_{x\to 0^+}\frac{\sqrt{ax^2+a^2}-a}{x};\quad a>0$ (8) $\lim_{x\to 0^+}\frac{2x}{x+7\sqrt{x}}$

(9) $\lim_{x\to 0^+}\left(\frac{1}{x}-\frac{1}{\sqrt{x}}\right)$ (10) $\lim_{x\to\infty}3(x-\sqrt{x^2+x})$

2. 다음 식은 로피탈의 공식으로 극한을 구할 수 없다. 다른 방법으로 극한을 구하여라.

$$\lim_{x\to\infty}\frac{\sqrt{9x+1}}{\sqrt{x+1}}$$

3. (1), (2) 중에서 어느 것이 참인지 설명하여라.

(1) $\lim_{x\to 3}\frac{x-3}{x^2-3}=\lim_{x\to 3}\frac{1}{2x}=\frac{1}{6}$ (2) $\lim_{x\to 3}\frac{x-3}{x^2-3}=\frac{0}{6}=0$

4. $f(x)=\begin{cases}x+2, & x\neq 0\\ 0, & x=0\end{cases}$, $g(x)=\begin{cases}x+1, & x\neq 0\\ 0, & x=0\end{cases}$

일 때, 다음을 밝혀라.

(1) $\lim_{x\to 0}\frac{f'(x)}{g'(x)}=1$

(2) $\lim_{x\to 0}\frac{f(x)}{g(x)}=2$

(3) 위의 결과가 로피탈의 공식에 모순이 되는가?

CHAPTER

08 확률과 통계

우연히 발생하는 일의 규칙성을 찾고자 하는 노력에서 비롯된 것이 확률 개념이다. 확률의 기원은 오래되었지만 그 개념을 정돈하기 시작한 것은 17세기 중엽 프랑스의 파스칼(Pascal. B.; 1623~1662)이었다. 직업 도박사로부터 "기량이 비슷한 A, B 두 사람이 상금을 걸고 게임을 다섯 번 하여 세 번 먼저 이기는 사람이 상금을 모두 가지기로 하였을 때, A가 두 번, B가 한 번 게임을 이긴 후 게임이 중지되었다면 상금을 어떻게 분배하는 것이 옳은가?"라는 질문을 받고 동료인 페르마와 서신 왕래를 하며, 이 문제를 해결한데서 비롯되었다고 알려져 있다.

8.1 순열과 조합

몇 개의 물건을 순서를 생각하여 일렬로 나열한 것을 **순열**이라 한다.

정의 8.1.1

일반적으로, 서로 다른 n개에서 r개를 택하여 일렬로 나열하는 방법을 n개에서 r개를 택하는 순열이라고 하며, 이 순열의 수를 기호 ${}_nP_r$로 나타낸다.
(${}_nP_r$의 P는 Permutation(순열)의 첫 글자임)

정리 8.1.1

서로 다른 n개에서 r개를 택하는 순열의 수 ${}_nP_r$은 다음과 같다.

$${}_nP_r = n(n-1)(n-2)\cdots(n-r+1),\ (\text{단, } 0 < r \le n)$$

증명 서로 다른 n개의 물건에서 r개를 택하여 일렬로 나열할 때, 첫째 자리에 올 수 있는 것은 n가지이고, 그 각각에 대하여 둘째 자리에 올 수 있는 것은 $(n-1)$가지이다. 이와 같이 계속하면, r째 자리에 올 수 있는 것은 $n-r+1$가지이다.

첫째자리	둘째자리	세째자리	$\cdots$	r째자리
↑	↑	↑		↑
n가지	$(n-1)$가지	$(n-2)$가지	$\cdots$	$(n-r+1)$가지

따라서, 곱의 법칙에 의하여 순열의 수

$${}_nP_r = n(n-1)(n-2)\cdots(n-r+1),\ (\text{단, } 0 < r \le n)$$

이 된다. ■

(특히, $r=n$이면 ${}_nP_r = n(n-1)(n-2)\cdots 3\cdot 2\cdot 1 = n!$ (n 팩토리얼(factorial)이라고 읽는다.))

한편, 기호 $n!$을 써서 순열의 수 ${}_nP_r$ $(r<n)$를 나타내면

$$\begin{aligned}{}_nP_r &= n(n-1)(n-2)\cdots(n-r+1)\\ &= \frac{n(n-1)(n-2)\cdots(n-r+1)\cdot(n-r)\cdot(n-r-1)\cdot\ \cdots\ \cdot 2\cdot 1}{(n-r)\cdot(n-r-1)\cdots 2\cdot 1}\\ &= \frac{n!}{(n-r)!}\end{aligned}$$
이다.

(여기에서 $0!$ 1로 정하면 이 식은 $r=n$일 때에도 성립한다.)

예제 8.1-1

네 개의 숫자 0, 1, 2, 3을 모두 써서 만들 수 있는 네 자리의 정수 중 짝수의 개수를 구하여라.

풀이 위의 네 숫자로 되는 짝수는 ① 1의 자리수가 0인 경우, ② 1의 자리 수가 2인 경우이다. 따라서 ①의 경우의 개수는 $3! = 3 \times 2 \times 1 = 6$가지이고, ②의 경우의 개수는 $3! - 2$(천의 자리에 0이 오는 경우)=4가지이다.
그러므로 ①, ②의 경우를 합하여 모두 10가지이다. ■

■ 원순열

서로 다른 것을 원형으로 나열하는 순열을 **원순열**이라 한다. 일반적으로, 서로 다른 n개의 원순열의 수는

$$\frac{{}_nP_n}{n} = \frac{n!}{n} = (n-1)!\text{이다.}$$

예제 8.1-2

부모를 포함한 6명의 가족이 원형의 식탁에 다음과 같이 둘러앉는 방법의 수를 구하여라.

(a) 부모가 이웃하게 앉는다.

(b) 부모가 마주보고 앉는다.

풀이 (a) 부모를 묶어 한 명으로 보면 5명이 식탁에 둘러 앉는 방법의 수는 (5−1)!=24(가지)이고, 그 각각에 대하여 부모가 서로 바꿔 앉는 방법의 수는 두 가지이다. 따라서, 구하는 방법의 수는 24×2=48(가지)이다.

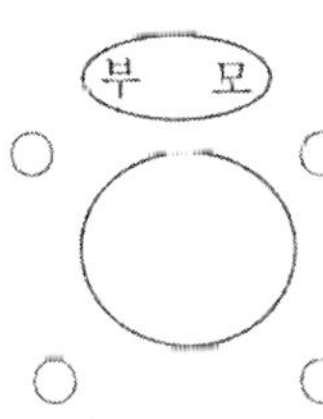

그림 8-1

(b) 부모가 마주보고 앉으면 다른 4자리의 위치는 확정된다. 따라서, 구하는 방법의 수는 4!=24(가지)이다. ■

■ 중복순열

일반적으로, 서로 다른 n개에서 중복을 허용하여 r개를 택하는 순열을 n개에서 r개를 택한 중복순열이라 하며, 이 **중복순열**의 수를 ${}_n\Pi_r = n^r$으로 나타낸다.(중복순열에서는 $n < r$이어도 된다.)

예제 8.1-3

중복을 허용하여 0, 1, 2, 3, 4의 숫자로 만들 수 있는 세 자리의 자연수의 개수를 구하여라.

풀이 0을 포함하여 5개의 수에서 3개를 중복하여 택하는 경우에서 백의 자리에 0이 오는 경우를 빼면 된다. 따라서 구하는 경우의 수는

$${}_5\Pi_3 - {}_5\Pi_2 = 5^3 - 5^2 = 100(\text{가지}).$$ ■

■ 같은 것이 있는 순열의 수

n개 중에서 p개, q개, r개, $\cdots$가 각각 같은 것일 때, 이 n개를 모두 택하여 일렬로 나열하는 순열의 수는

$$\frac{n!}{p!q!r!\cdots}, \text{ (단, } p+q+r+\cdots = n)$$

이다.

예제 8.1-4

success의 7개의 문자를 모두 일렬로 배열할 때,

(a) 배열하는 방법의 수는 몇 가지인가?

(b) 양 끝에 s가 오도록 배열하는 방법의 수는 몇 가지인가?

풀이 (a) 7개의 문자 s, s, s, c, c, u, e의 순열의 수이므로

$$\frac{7!}{3! \times 2!} = \frac{7 \times 6 \times 5 \times 4 \times 3 \times 2 \times 1}{(3 \times 2 \times 1) \times (2 \times 1)} = 420(\text{가지}).$$

(b) s □□□□□ s의 □에 5개의 문자 s, c, c, u, e를 배열하는 순열의 수이므로

구하는 순열의 수는

$$\frac{5!}{2!}=\frac{5\cdot 4\cdot 3\cdot 2\cdot 1}{2\cdot 1}=60(\text{가지})\text{이다.}$$ ■

정의 8.1.2 (조합)

서로 다른 n개의 원소에서 순서를 생각하지 않고 r개를 택할 때, 이 r개의 원소로 이루어진 각각의 집합을 n개에서 r개를 택하는 **조합**(combination)이라 하고, 이 조합의 수를 기호 $_nC_r$로 나타낸다.

정리 8.1.2 (조합의 수)

서로 다른 n개에서 r개를 택하는 조합의 수는

$$_nC_r=\frac{_nP_r}{r!}=\frac{n!}{r!(n-r)!},\ (\text{단},\ 0\le r\le n)$$

증명 $_nC_r$개의 조합 중에서 하나를 택하여 이들을 일렬로 배열하면 모두 $r!$개의 순열이 생긴다. 그러므로 $_nC_r$개의 조합에서 만들 수 있는 순열의 수는 $_nC_r\times r!$이다. 그런데 이것은 n개에서 r개를 택하는 순열의 수와 같으므로

$$_nC_r\times r!={_nP_r}\text{이다.}$$

따라서

$$_nC_r=\frac{_nP_r}{r!}=\frac{n!}{r!(n-r)!}$$

이다.

$$\left(_nP_r=\frac{n!}{(n-r)!}\ \text{임을 이용}\right).$$ ■

예제 8.1-5

(a) $_nC_r={_nC_{n-r}}$임을 보여라.

(b) 그림과 같이 네 개의 평행선과 다섯 개의 평행선이 서로 만나고 있다. 이들 평행선으로 이루어진 평행사변형의 개수를 구하여라.

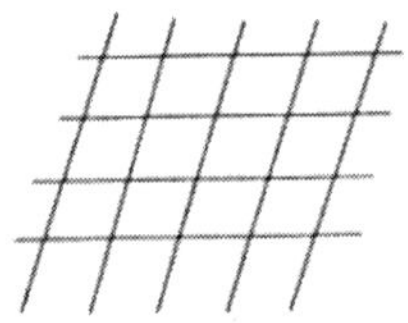

그림 8-2

풀이 (a) $_{n}C_{n-r} = \dfrac{n!}{(n-r)!(n-(n-r))!} = \dfrac{n!}{(n-r)!r!} = {}_{n}C_{r}$

(b) 평행선을 각각 두 개씩 택하면 평행사변형이 결정된다. 그러므로 구하는 경우의 수는

$$_{4}C_{2} \times {}_{5}C_{2} = \frac{4 \cdot 3}{2 \cdot 1} \times \frac{5 \cdot 4}{2 \cdot 1} = 60(\text{개})\text{가 된다.}$$ ■

■ 중복조합

일반적으로, n개의 원소에서 중복을 허용하여 r개를 택하는 조합을 n개에서 r개를 택하는 **중복조합**이라고 하며, 이 중복조합의 수를 기호 $_{n}H_{r}(= {}_{n+r-1}C_{r})$로 나타낸다.

예제 8.1-6

$(x+y+z)^4$을 전개할 때 생기는 서로 다른 항의 개수를 구하여라.

풀이 이 전개식의 항은 $x^a y^b z^c$꼴이다. (여기에서 $a+b+c=4$, a, b, c : 음이 아닌 정수). 따라서 구하는 항의 개수는 세 개의 문자 x, y, z에서 네 개를 택하는 중복조합의 수와 같다. 따라서 구하는 항의 개수는

$$_{3}H_{4} = {}_{3+4-1}C_{4} = {}_{6}C_{4} = 15\text{이다.}$$ ■

■ 이항정리

자연수 n에 대하여

$$(a+b)^n = {}_{n}C_{0}a^n + {}_{n}C_{1}a^{n-1}b + \cdots + {}_{n}C_{r}a^{n-r}b^r + \cdots + {}_{n}C_{n}b^n$$
$$= \sum_{r=0}^{n} {}_{n}C_{r}a^{n-r}b^r$$

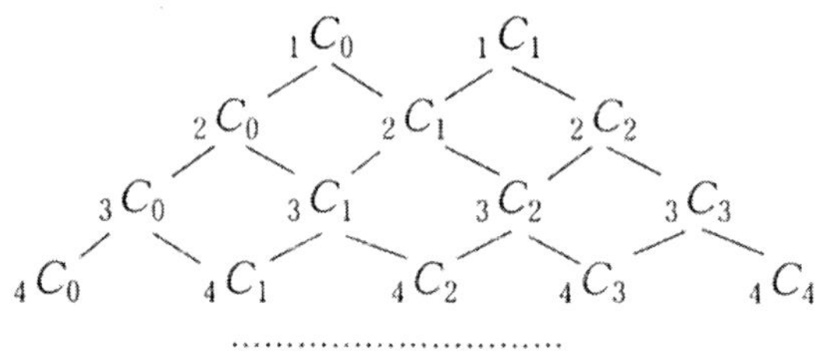

그림 8-3 파스칼의 삼각형

예제 8.1-7

$\left(2x^2 - \dfrac{1}{x}\right)^6$의 전개식에서 x^3의 계수를 구하여라.

풀이 전개식의 일반항은

$$_6C_r\,(2x^2)^{6-r} \cdot \left(-\frac{1}{x}\right)^r = (-1)^r\,{}_6C_r 2^{6-r} \cdot x^{12-2r} \cdot x^{-r}$$
$$= (-1)^r\,{}_6C_r 2^{6-r} \cdot x^{12-3r}$$

$12-3r=3$으로부터 $r=3$임을 알 수 있고, 따라서 구하는 x^3의 계수는 $(-1)^3 \cdot {}_6C_3 2^3 = -160$이다. ■

연습문제 8.1

Exercises

1. 다음을 간단히 하여라.

   (1) ${}_{n}P_{r} - r \cdot {}_{n-1}P_{r-1}$

   (2) ${}_{n}P_{m} \cdot {}_{n-m}P_{r-m}$

2. 남학생 4명, 여학생 3명을 일렬로 세우는 데, 여학생 2명은 이웃해도 좋으나 여학생 3명이 동시에 이웃하지 않는 경우의 수는?

3. 중복을 허락하여 1, 2, 3을 써서 만들 수 있는 네 자리를 넘지 않는 정수의 개수는?

4. 남학생 5명, 여학생 4명 중에서 남학생 3명과 여학생 2명을 뽑아서 다음 방법으로 앉힐 때, 그 경우의 수를 구하여라. (1) 일렬로 앉힌다. (2) 원탁에 앉힌다. (3) 남학생 대표 A와 여학생 대표 B는 반드시 포함되고, 서로 이웃하게 원탁에 앉힌다.

5. 방정식 $x+y+z+u=10$에 있어서

   (1) 음이 아닌 정수해는 몇 가지인가?

   (2) 양의 정수해는 몇 가지인가?

6. 어떤 모임에서 각 회원이 나머지 회원들과 꼭 한 번씩 악수를 했는데 회원들끼리 전부 1275회의 악수를 하였다면 참석한 회원의 수는 모두 몇 명인가?

7. $\dfrac{d}{dx}\left(x+\dfrac{2}{x}\right)^9$의 전개식에서 x^2의 계수를 구하여라.

8. $\left(x^2-\dfrac{a}{x}\right)^6$의 전개식에서 $\dfrac{1}{x^3}$의 계수가 -192 일 때, 실수 a의 값을 구하여라.

9. $f(k) = {}_{n}C_{k}3^{n-k}4^{k}$일 때 $\displaystyle\sum_{k=0}^{n} 2^k f(k)$의 값을 구하여라.

8.2 확률

■ 시행, 표본공간, 사건

시행(또는 실험) : 주사위나 동전을 던지는 것과 같이 같은 조건에서 몇 번이고 반복할 수 있는 실험이나 관찰을 시행이라 한다.

표본공간 : 어떤 시행에서 일어날 수 있는 모든 결과의 집합을 표본공간이라 한다.

사건 : 표본공간의 부분집합을 사건이라 한다.

근원사건 : 표본공간의 한 원소로만 이루어진 사건.

공사건 : 어떤 시행에서 결코 일어나지 않는 사건(공집합 ϕ에 대응되는 사건)

전사건 : 반드시 일어나는 사건(표본공간 자신의 집합)

정의 8.2.1 (확률; Probability)

(1) 어떤 시행에서 얻어지는 근원사건이 모두 같은 정도로 기대될 때, 전사건 S에 속하는 근원사건의 총수를 $n(S)$, 사건 A에 속하는 근원사건의 수를 $n(A)$라 고 하면 $P(A)=\dfrac{n(A)}{n(S)}$를 사건 A가 일어날 **확률**(수학적 확률)이라 한다.

(2) 일반적으로, 어떤 시행을 n번 반복할 때 사건 A가 r번 일어나는 상대도수 $\dfrac{r}{n}$는 n이 충분히 커지면 일정한 값 p에 한없이 가까워진다. 이때, 이 p를 사건 A가 일어날 **통계적확률**(또는 경험적확률)이라 한다.

(3) 연속적인 변량 a, b를 크기로 갖는 영역 A, B가 있어 점 P는 이 영역 A 속이 어느 점이든 같은 정도로 잡을 수 있다고 하자. 이제 영역 B가 영역 A에 포함되어 있을 때, 영역 A에서 임의로 잡은 점 P가 영역 B에 속할 확률은

$$P(B)=\frac{b}{a}=\frac{B\text{가 일어나는 영역의 크기}}{\text{일어날 수 있는 전 영역의 크기}}$$

로 정한다. 이를 **기하적확률**이라 한다.

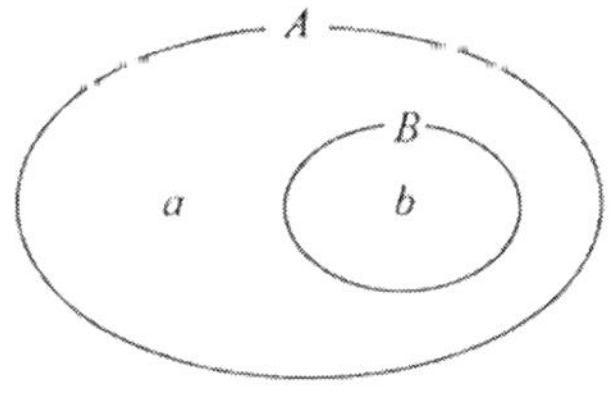

그림 8-4

예제 8.2-1

흰 공 세 개와 검은 공 두 개가 들어 있는 주머니가 있다. 이 주머니에서 동시에 두 개의 공을 꺼낼 때, 두 개 모두 흰 공일 확률을 구하여라.

풀이 5개의 공을 구별하여 흰 공에는 ①, ②, ③, 검은 공에는 ❹, ❺의 번호를 붙이면 표본공간 S는

$S=${(①, ②), (①, ③), (①, ❹), (①, ❺), (②, ③), (②, ❹), (②, ❺), (③, ❹), (③, ❺), (❹, ❺)}

이 때, 두 개 모두 흰 공일 사건 A는

$A=${(①, ②), (①, ③), (②, ③)}

이다. 따라서, 구하는 확률

$$P(A)=\frac{n(A)}{n(S)}=\frac{3}{10}$$

이다. ■

예제 8.2-2

(a) 신생아 만 명 중 출생 일 년 후까지 사는 아이를 조사하였더니 9910명이었다고 한다. 어떤 신생아가 생후 일 년까지 살 확률 P를 구하여라.

(b) 어떤 고등학교 학생 2000명의 혈액형을 조사한 결과 A형인 학생이 820명이었다고 한다. 이 학교의 학생 한 명을 임의로 뽑을 때, 그 학생의 혈액형이 A형일 확률 P를 구하여라.

풀이

(a) $P=\frac{9910}{10000}=0.991$

(b) $P=\frac{820}{2000}=0.41$ ■

예제 8.2-3

m을 구간 $[1,\ 5]$에서 임의로 택할 수 있는 실수라 할 때, 이차방정식 $x^2-2mx+3m=0$이 실근을 가질 확률을 구하여라.

풀이 $x^2-2mx+3m=0$이 실근을 가질 조건은
$D/4=m^2-3m \ge 0$, $\therefore\ m \le 0,\ m \ge 3$

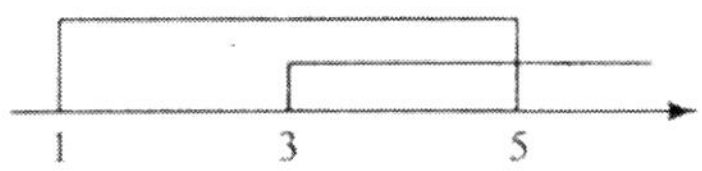

그림 8-5

$1 \le m \le 5$에서 실근을 가질 범위는 $3 \le m \le 5$이다. 따라서 구하는 확률은

$$P=\frac{\text{구간 }[3,\ 5]\text{의 크기}}{\text{구간 }[1,\ 5]\text{의 크기}}=\frac{2}{4}=\frac{1}{2}$$

이다. ■

■ 확률의 기본성질

표본공간 S와 임의의 사건 A에 대하여

(1) $0 \le P(A) \le 1$

(2) $P(S)=1$

(3) $P(\phi)=0$

정리 8.2.1 (확률의 계산 1)

(1) 여사건의 확률 : 사건 A의 확률과 그의 여사건 A^c의 확률 사이에는

$$P(A)+P(A^c)=1$$

곧, $P(A^c)=1-P(A)$인 관계가 성립한다.

(2) 확률의 덧셈정리 : ① 두 사건 A, B에 대하여

$$P(A\cup B)=P(A)+P(B)-P(A\cap B)\text{이다.}$$

② 두 사건 A, B가 배반사건(곧, $A\cap B=\phi$: 두 사건 A, B가 동시에 일어나지 않을 때)일 때

$$P(A\cup B)=P(A)+P(B)\text{이다.}$$

증명 (2)를 먼저 밝혀보자. 일반적으로, 근원사건이 모두 같은 정도로 기대되는 표본공간 S에서의 두 사건 A, B에 대하여 $n(A\cup B)=n(A)+n(B)-n(A\cap B)$이므로

$$P(A\cup B)=\frac{n(A\cup B)}{n(S)}=\frac{n(A)}{n(S)}+\frac{n(B)}{n(S)}-\frac{n(A\cap B)}{n(S)}$$
$$=P(A)+P(B)-P(A\cap B)\text{가 된다.}$$

특히, A와 B가 서로 배반사건이면 $P(A\cap B)=P(\phi)=0$이므로

$$P(A\cup B)=P(A)+P(B)\text{이다.}$$

(1) 사건 A에 대하여 그 사건 A가 일어나지 않는 사건을 A의 여사건이라 하고 A^c로 표시하는 데, 사건 A와 사건 A^c는 배반사건이므로

$$P(S)=P(A\cup A^c)=P(A)+P(A^c)=1\text{이 된다.}$$

그러므로 $P(A^c)=1-P(A)$이다. ■

예제 8.2-4

흰 공 2개, 검은 공 3개, 빨간 공 4개가 들어있는 주머니에서 2개의 공을 꺼낼 때,

(a) 2개가 모두 같은 색의 공일 확률을 구하여라.

(b) 2개가 서로 다른 색의 공일 확률을 구하여라.

(주 : 배반사건 A_1, A_2, A_3, $\cdots$, A_n에 대하여 $(n\ge 2)$

$P(A_1\cup A_2\cup\cdots\cup A_n)=P(A_1)+P(A_2)+\cdots+P(A_n)$이 성립한다.)

풀이 (a) 합계 9개의 공에서 2개의 공을 꺼내는 모든 경우의 수는 ${}_9C_2$가지이다.

2개가 모두 흰 공일 사건을 A,

2개가 모두 검은 공일 사건을 B,

2개가 모두 빨간 공일 사건을 C라 하면

$$P(A)=\frac{{}_2C_2}{{}_9C_2}=\frac{1}{36},\ P(B)=\frac{{}_3C_2}{{}_9C_2}=\frac{3}{36},$$

$$P(C)=\frac{{}_4C_2}{{}_9C_2}=\frac{6}{36}\text{이다.}$$

여기에서 사건 A, B, C는 서로 배반사건이므로

$$P(A\cup B\cup C)=P(A)+P(B)+P(C)$$
$$=\frac{1}{36}+\frac{3}{36}+\frac{6}{36}=\frac{5}{18}\text{가 된다.}$$

(b) 앞의 (1)에 대한 여사건이므로 구하는 확률은

$$1-P(A\cup B\cup C)=1-\frac{5}{18}=\frac{13}{18}\text{이다.}$$ ■

일반적으로, 확률이 0이 아닌 두 사건 A, B에 대하여 사건 A가 일어났다고 가정하였을 때, 사건 B가 일어날 확률을 사건 A를 조건으로 하는 사건 B의 조건부확률이라 하고 이것을 기호로 $P(B|A)$와 같이 나타낸다.

정리 8.2.2 (확률의 계산 2)

(1) 사건 A가 일어났을 때의 사건 B의 조건부확률은

$$P(B|A)=\frac{P(A\cap B)}{P(A)} \text{ (단, } P(A)\neq 0\text{)이다.}$$

(2) 두 사건 A, B에 대하여
$P(A\cap B)=P(A)\cdot P(B|A)=P(B)\cdot P(A|B)$이다(두 사건 A, B가 서로 독립($P(B|A)=P(B)$, $P(A|B)=P(A)$; 첫 번째 사건이 뒤이은 사건에 영향을 주지 않는 사건들의 경우)일 때, $P(A\cap B)=P(A)\cdot P(B)$가 된다. 한편, 두 사건 A, B에 대하여 $P(B|A)\neq P(B)$일 때, 사건 B는 사건 A의 종속이라 하고, 두 사건 A, B를 서로 종속사건이라고 한다).

증명 (1) 표본공간 S의 근원사건이 같은 정도로 기대되고 $n(S)=N$, $n(A)=a$, $n(B)=b$, $n(A\cap B)=c$라고 하면 $P(A)=\frac{a}{N}$, $P(A\cap B)=\frac{c}{N}$이므로 사건 A가 일어났다고 가정하였을 때, 사건 B가 일어날 확률 P'은

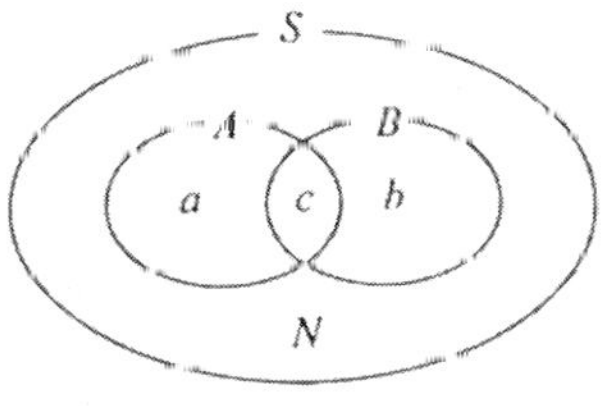

그림 8-6

$$P'=\frac{c}{a}=\frac{c/N}{a/N}=\frac{P(A\cap B)}{P(A)}$$

곧, $P(B|A)=\dfrac{P(A\cap B)}{P(A)}$이다.

(2) 위의 (1)의 결과로부터 $P(A\cap B)=P(A)\cdot P(B|A)$임을 알 수 있다. 한편, 같은 방법에 의하여

$$P(A|B) = \frac{P(A \cap B)}{P(B)} \text{에서 } P(A \cap B) = P(B) \cdot P(A|B) \text{이다.}$$

(일반적으로 $P(B|A) \neq P(A|B)$이다.) ■

예제 8.2-5

주머니 속에 흰 공이 4개, 검은 공이 3개 들어 있다. 한 번 꺼낸 공은 다시 넣지 않기로 하고 한 개씩 두 번 꺼낼 때, 그것이 흰 공, 검은 공의 순으로 나올 확률을 구하여라.

풀이 처음에 흰 공이 나올 사건을 A라고 하면

$$P(A) = \frac{4}{7}$$

두 번째 검은 공이 나오는 사건을 B라고 하면, A, B는 서로 종속사건이며 처음에 흰 공이 나오고 두 번째에 검은 공이 나올확률 $P(B|A)$는 $P(B|A) = \frac{3}{6}$이다. 따라서 구하는 확률 $P(A \cap B)$는

$$P(A \cap B) = P(A) \cdot P(B|A) = \frac{4}{7} \times \frac{3}{6} = \frac{2}{7}$$

가 된다. ■

예제 8.2-6

한 개의 주사위를 두 번 던질 때, 두 번 모두 1의 눈이 나올 확률을 구하여라.

풀이 첫 번째에 1의 눈이 나오는 사건을 A, 두 번째에 1의 눈이 나오는 사건을 B라고 하면 $P(A) = P(B) = \frac{1}{6}$이다. 두 사건 A, B는 서로 독립사건이므로 구하는 확률 $P(A \cap B)$는

$$P(A \cap B) = P(A) \cdot P(B) = \frac{1}{6} \times \frac{1}{6} = \frac{1}{36}$$

이다. ■

정리 8.2.3

사건 $A_1, A_2, \cdots, A_n$이 $P(A_1 \cap A_2 \cap \cdots \cap A_n) \neq 0$을 만족하면 다음 등식이 성립한다.

$$P(A_1 \cap A_2 \cap \cdots \cap A_n) = P(A_1)P(A_2|A_1)P(A_3|A_1 \cap A_2) \cdots P(A_n|A_1 \cap A_2 \cap \cdots \cap A_{n-1})$$

증명 위의 등식을 만족시키는 자연수 n의 집합을 N이라 하면

(i) $2 \in N$이다. 왜냐하면 조건부확률의 정의에 의하여
$P(A_1 \cap A_2) = P(A_1) \cdot P(A_2|A_1)$, (단 $P(A_1) \neq 0$).

(ii) 2보다 큰 임의의 자연수 k에 대하여 $k \in N$이라 하면
$P(A_1 \cap A_2 \cap \cdots \cap A_k \cap A_{k+1}) = P[(A_1 \cap A_2 \cap \cdots \cap A_k) \cap A_{k+1}]$
$= P(A_1 \cap A_2 \cap \cdots \cap A_k) \cdot P(A_{k+1}|A_1 \cap A_2 \cap \cdots \cap A_k)$ …… ((i)에 의하여)
$= P(A_1) \cdot P(A_2|A_1) \cdot \cdots \cdot P(A_k|A_1 \cap A_2 \cap \cdots \cap A_{k-1})$
$\cdot P(A_{k+1}|A_1 \cap A_2 \cap \cdots \cap A_k)$ ……(귀납적 가정에 의함)

그러므로 모든 $n \geq 2$인 자연수 n에 대하여 위의 등식이 성립한다. ■

동전이나 주사위를 던지는 시행에서와 같이, 어떤 시행을 반복하는 경우, 매번 일어나는 사건이 모두 서로 독립일 때, 이러한 시행을 **독립시행**이라 한다. 일반적으로, 다음과 같은 독립시행의 정리가 성립한다

■ 독립시행의 정리

1회의 시행에서 사건 A가 일어날 확률을 p라 할 때, n번의 독립시행에서 사건 A가 r번 일어날 확률 P_r는

$$P_r = {}_nC_r p^r q^{n-r} \quad (\text{단, } q = 1-p,\ r = 0,\ 1,\ 2,\ \cdots,\ n)$$

예제 8.2-7

수직선 위를 움직이는 점 P가 정점 A에서 출발하여 다음 규칙에 따라 움직인다.

(i) 두 주사위의 눈의 수의 합이 4 이하이면 +2만큼 이동

(ii) 두 주사위의 눈의 수의 합이 5 이상이면 −1만큼 이동

이때, 두 개의 주사위를 던져서 6회째에 점 P가 다시 A에 돌아올 확률을 구하여라.

풀이 두 주사위의 눈의 수의 합이 4 이하인 경우는
(1, 1), (1, 2), (2, 1), (1, 3), (2, 2), (3, 1)의 6가지이므로, 두 주사위의 눈의 수의 합이 4 이하일 확률 $p=\dfrac{6}{36}=\dfrac{1}{6}$이고, 눈의 수의 합이 5 이상일 확률은

$$q=1-\frac{1}{6}=\frac{5}{6}\text{이다.}$$

두 개의 주사위의 눈의 수의 합이 4 이하인 횟수를 x, 5 이상인 횟수를 y라고 하면 주어진 조건에 의하여

$$\begin{cases} x+y=6 \\ 2x-y=0 \end{cases}$$

이 된다. 이 연립방정식을 풀면 $x=2,\ y=4$가 되므로 구하는 확률은

$$P={}_6C_2\left(\frac{1}{6}\right)^2\left(\frac{5}{6}\right)^4=\frac{3125}{15552}\text{가 된다.}$$

■

연습문제 8.2 Exercises

1. 열 개 중 세 개의 불량품이 들어 있는 제품의 더미에서 제품 한 개씩 검사한다. 다섯 개를 검사할 때까지 불량품 두 개를 발견할 확률은?

2. 남녀 합해서 36명의 학급에서 임의로 두 명의 위원을 선출할 때, 그 위원이 모두 남자이거나 모두 여자일 확률이 $\frac{1}{2}$이라 하면, 남녀의 차이는 몇 명인가?

3. 9명의 학생을 4명과 5명의 두 개 조로 나눌 때, 특정한 두 명이 같은 조에 들어갈 확률을 구하여라.

4. 하나의 주사위를 세 번 던질 때,
   (1) 나오는 눈이 모두 짝수일 확률을 구하여라.
   (2) 나오는 눈의 합이 5일 확률을 구하여라.
   (3) 같은 눈이 두 번만 나올 확률을 구하여라.
   (4) 나오는 눈의 최소값이 5일 확률을 구하여라.

5. 8개의 제품 중에서 세 개의 불량품이 들어 있는 상자가 있다. 이 상자에서 동시에 세 개의 제품을 꺼낼 때, 두 개 이상의 불량품이 나올 확률을 구하여라.

6. 한 개의 주사위를 던져서 소수의 눈이 나왔을 때, 그것이 짝수일 확률을 구하여라.

7. A, B, C, D, E, F의 여섯 사람이 원탁에 앉을 때, A와 B가 이웃하지 않을 확률을 구하여라.

8. 한 개의 주사위를 두 번 던져서 첫 번째 나온 눈을 a, 두 번째 나온 눈을 b로 정할 때, 이차방정식 $x^2+2ax+b=0$이 실근을 가질 확률을 구하여라.

9. 열 개의 제비 중에 세 개의 당첨 제비가 들어 있다. 이 제비를 A, B 두 사람이 A, B의 순으로 하나씩 뽑을 때, 각자가 당첨할 확률을 구하여라.

10. 주머니 A에는 빨간 공 5개, 흰 공 3개가 들어 있고, 주머니 B에는 빨간 공 4개, 흰 공 6개가 들어 있다.
   (1) A, B에서 각각 임의로 한 개씩 꺼낼 때, 두 개 모두 빨간 공일 확률을 구하여라.
   (2) A에서 임의로 한 개의 공을 꺼내어 B에 넣고, 다음에 B에서 임의로 한 개의 공을 꺼낼 때, 그것이 빨간 공일 확률을 구하여라.

11. 볼트를 만드는 어느 공장에서 두 대의 기계 A, B가 각각 전체 생산량의 40%, 60%를 만들며, 또 각각의 제품의 5%, 3%가 불량품이라 한다. 제품 가운데 임의로 꺼낸 하나의 볼트가 불량품이었다고 할 때, 그것이 기계 A에서 만들어졌을 확률을 구하여라.

12. 수직선 위의 원점 $x=0$에 점 Q가 있다. 한 개의 주사위를 던져서 짝수의 눈이 나오면 점 Q를 양의 방향으로 1만큼 옮기고, 홀수의 눈이 나오면 점 Q를 음의 방향으로 1만큼 옮긴다. 한 개의 주사위를 10회 던질 때,
   (1) 점 Q가 $x=0$의 위치에 있을 확률을 구하여라.
   (2) 점 Q가 원점에서 3 이내에 있을 확률을 구하여라.

13. 오른편 그림과 같이 입구 P로부터 아래로 나누어진 통로가 있다. 이 통로의 입구 P로부터 한 개의 공을 넣을 때, 그 공이 A로 나올 확률을 구하여라.(단, 갈라지는 곳에서 공은 같은 확률로 갈라진다.)

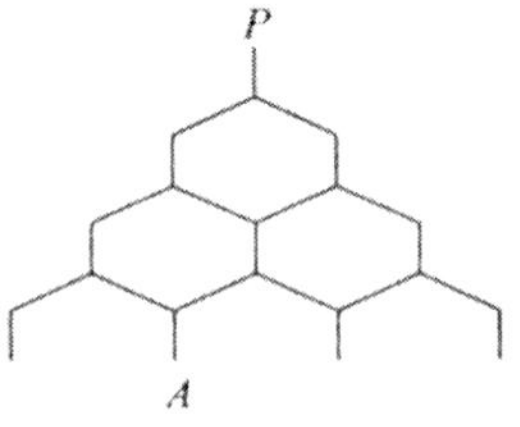

8.3 평균과 표준편차

■ 평균

자료 전체의 특징 또는 경향을 대표하여 나타낸 수를 그 자료의 **대표값**이라고 한다. 대표값에는 **평균**, 메디안(중앙값), 모우드(최빈값) 등이 있으나, 가장 많이 쓰이는 것은 평균이다.

정의 8.3.1

(1) 변량 $x_1, x_2, \cdots, x_n$의 평균을 $\overline{x}$이라 하면

(i) $\overline{x}=\dfrac{x_1+x_2+\cdots+x_n}{n}=\dfrac{1}{n}\sum_{i=1}^{n}x_i$

(ii) $\overline{x}=A+\dfrac{(x_1-A)+(x_2-A)+\cdots+(x_n-A)}{n}$

$=A+\dfrac{1}{n}\sum_{i=1}^{n}(x_i-A)$ (단, A는 가평균이다.)

(2) 도수분포의 평균

변량 $x_1, x_2, \cdots, x_n$에 대응하는 도수가 $f_1, f_2, \cdots, f_n$일 때의 평균을 $\overline{x}$이라 하면

(i) $\overline{x}=\dfrac{x_1f_1+x_2f_2+\cdots+x_nf_n}{f_1+f_2+\cdots+f_n}=\dfrac{1}{N}\sum_{i=1}^{n}x_if_i$

(ii) $\overline{x}=A+\dfrac{(x_1-A)f_1+(x_2-A)f_2+\cdots+(x_n-A)f_n}{f_1+f_2+\cdots+f_n}$

$=A+\dfrac{1}{N}\sum_{i=1}^{n}(x_i-A)f_i$ (단, A는 가평균이다.)

계급값 x_i	도수 f_i
x_1	f_1
x_2	f_2
$\vdots$	$\vdots$
x_n	f_n
계	N

예제 8.3-1

다음 도수분포표에서 가평균을 이용하여 평균을 구하여라.

점수(점)	40이상~50미만	50~60	60~70	70~80	80~90	90~100	계
학생 수(명)	3	5	9	18	12	3	50

풀이 각 계급의 계급값(중간값)을 써서 도수분포표를 만들면 다음과 같다. 가평균을 $A=75$라고 할 때,

$$\text{평균 } \bar{x} = 75 + \frac{1}{50} \times (-100) = 75 - 2 = 73(\text{점})\text{이다.}$$

x_i	f_i	$x_i - A$	$(x_i - A)f_i$
45	3	−30	−90
55	5	−20	−100
65	9	−10	−90
75	18	0	0
85	12	10	120
95	3	20	60
계	50		−100

■

■ 표준편차

변량의 값이 흩어져 있는 정도를 가리키는 값을 **산포도**라 하며, 산포도에는 **표준편차**, 평균편차, 사분편차, 범위 등이 있으나 주로 표준편차가 많이 쓰인다.

예를 들어 A, B 두 학생의 5회에 걸친 수학 성적이 다음과 같다고 하자.

	1회	2회	3회	4회	5회
A	75	60	70	75	70
B	90	55	80	65	60

위의 표에 의하면 A, B의 수학 성적의 평균은 70점으로 같으나 A의 성적이 평균점 부근에 집중되어 있고, B의 점수는 흩어져 있음을 알 수 있다.

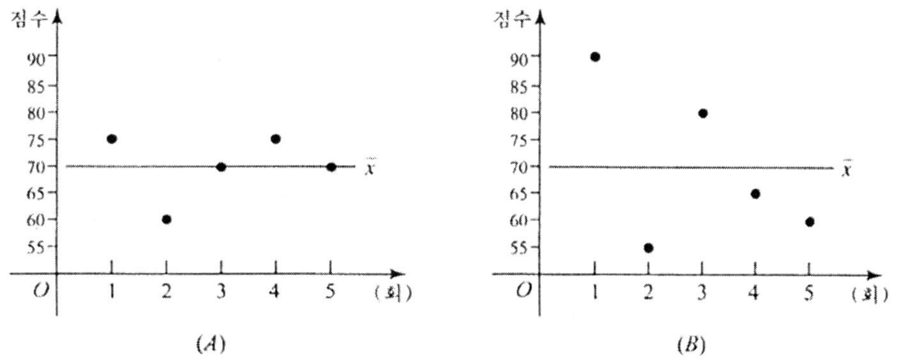

그림 8-8

곧, A의 성적은 안정성이 있고 고르다. B의 성적은 안정성이 약하며 고르지 않다는 것이다. 이와같이 어떤 통계자료의 특징을 완전히 이해하려면 대표값으로는 불충분하고 변량의 분포상태를 조사하는 것도 필요하다. 이 흩어진 정도를 나타낸 값이 **산포도**이다. 앞의 A, B 두 학생의 성적표에서 A는 산포도가 작고 B는 산포도가 크다고 하는 것을 실제 수값으로 비교하기 위해서는 각 점수 (x_i)에서 평균값 $(\bar{x}=70)$을 뺀 값(편차)들의 평균을 구해보면 되는데, 편차들의 평균이 양과 음의 값의 합으로 나타나는 것을 피하기 위하여 각 편차의 제곱들의 평균을 생각한다. 이것을 **분산**이라고 하고 σ^2으로 나타낸다. 분산의 양의 제곱근을 **표준편차**라고 하여 σ로 나타낸다.

정의 8.3.2

(1) 변량 x_1, x_2, $\cdots$, x_n의 평균을 $\bar{x}$, 표준편차를 σ라 하면

$$\sigma^2 = \frac{1}{n}\sum_{i=1}^{n}(x_i-\bar{x})^2 \quad (\sigma^2\text{을 분산이라 한다.})$$

(2) 다음과 같은 도수분포표에서는

$$\sigma^2 = \frac{1}{N}\sum_{i=1}^{n}(x_i-\bar{x})^2\cdot f_i$$

$$\sigma^2 = \frac{1}{N}\sum_{i=1}^{n}(x_i-A)^2\cdot f_i-\left(\frac{1}{N}\sum_{i=1}^{n}(x_i-A)\cdot f_i\right)^2$$

(A : 가평균)

x_i	f_i
x_1	f_1
x_2	f_2
$\vdots$	$\vdots$
x_n	f_n
계	N

위의 (1)에서 표준편차는 다음과 같이 변형된다.

$$\begin{aligned}\sigma^2 &= \frac{1}{n}\sum_{i=1}^{n}(x_i-\overline{x})^2=\frac{1}{n}\sum_{i=1}^{n}(x_i^2-2\overline{x}x_i+(\overline{x})^2)\\ &=\frac{1}{n}\sum_{i=1}^{n}x_i^2-2\overline{x}\cdot\frac{1}{n}\sum_{i=1}^{n}x_i+\frac{1}{n}\cdot n\cdot(\overline{x})^2\\ &=\frac{1}{n}\sum_{i=1}^{n}x_i^2-2\overline{x}\cdot\overline{x}+(\overline{x})^2\\ &=\frac{1}{n}\sum_{i=1}^{n}x_i^2-(\overline{x})^2\end{aligned}$$

같은 방법으로 (2)의 식도 다음과 같이 변형된다.

$$\sigma^2=\frac{1}{N}\sum_{i=1}^{n}(x_i-\overline{x})^2\cdot f_i=\frac{1}{N}\sum_{i=1}^{n}x_i^2\cdot f_i-(\overline{x})^2$$

예제 8.3-2

다음 표는 어느 학교 A반의 수학 성적을 나타낸 표이다. 이 반의 수학 성적의 분산과 표준편차를 구하여라.

점수(점)	35	45	55	65	75	85	95	계
학생 수(명)	1	2	6	10	14	6	1	40

풀이 다음 도수분포표로부터

평균 $\bar{x} = \dfrac{2760}{40} = 69$(점)

$\dfrac{1}{N}\sum_{i=1}^{n} x_i^2 \cdot f_i = \dfrac{196800}{40} = 4920$이므로

x_i	f_i	$x_i f_i$	$x_i^2 \cdot f_i$
35	1	35	1225
45	2	90	4050
55	6	330	18150
65	10	650	42250
75	14	1050	78750
85	6	510	43350
95	1	95	9025
계	40	2760	196800

구하는 분산 σ^2은

$$\sigma^2 = \frac{1}{N}\sum_{i=1}^{n} x_i^2 \cdot f_i - (\bar{x})^2$$

$$= 4920 - (69)^2 = 159 \text{이고,}$$

표준편차

$$\sigma = \sqrt{159} \fallingdotseq 12.61(\text{점})$$

이다. ■

연습문제 8.3 Exercises

1. 변량 $x_1, x_2, \cdots, x_n$에 대응하는 도수가 각각 $f_1, f_2, \cdots, f_n$이고 이들의 평균을 $\overline{x}$라고 하면, $\sum_{i=1}^{n}(x_i-\overline{x})f_i=0$임을 보여라.

2. 다음 도수분포표에서 몸무게의 평균을 구하여라.

몸무게(kg)	30이상 ~40미만	40~50	50~60	60~70	70~80
학생 수(명)	2	26	14	5	3

3. 어느 상자에 1, 2, 3, …, n의 번호가 적힌 카드가 각각 1, 2, 3, …, n장 들어 있다고 한다. 이들 카드에 적힌 번호의 평균을 구하여라.

4. 10개의 변량 $x_1, x_2, \cdots, x_{10}$의 합이 10, 제곱의 합이 170일 때, 이 변량의 평균 $\overline{x}$ 및 표준편차 σ를 각각 구하여라.

5. 변량 $x_1, x_2, \cdots, x_n$의 평균이 13, 표준편차가 5일 때, 변량 $2x_1^2, 2x_2^2, \cdots, 2x_n^2$의 평균을 구하여라.

6. 도수분포표에서 변량의 평균 $\overline{x}$ 및 표준편차 σ를 각각 구하여라.

x_i	135	140	145	150	155
f_i	1	8	12	7	2

7. 변량 $x_1, x_2, \cdots, x_{70}$에서 가평균을 90이라 할 때, 각 변량에서 가평균을 뺀 값들의 총합이 728이라 한다. 이 변량의 평균을 구하여라.

8. 변량 x_1, x_2, $\cdots$, x_n의 표준편차가 σ일 때, 변량 $2x_1$, $2x_2$, $\cdots$, $2x_n$의 표준편차를 구하여라.

9. A, B 두 그룹에 대하여 수학시험을 치른 결과 그 성적에 대하여 다음과 같은 표를 얻었다고 한다. 두 반을 합한 10명에 대한 성적의 분산을 구하여라.

	인원	평균	표준편차
A	6	70	2
B	4	80	3

8.4 확률변수(이산확률변수)와 확률분포

한 개의 동전을 2회 던지는 시행을 생각해 보자. (단, H는 앞면, T는 뒷면을 뜻한다.) 위의 시행에서 앞면의 개수를 X라고 하면, 변수 X는 0, 1, 2의 값을 취할 수 있고, 다음 그림과 같이 X의 값에 대응하는 확률은 각각 $\frac{1}{4}$, $\frac{1}{2}$, $\frac{1}{4}$임을 알 수 있다. 이와 같이 변수 X가 취할 수 있는 각 값에 확률이 정해져 있을 때, 변수 X를 **확률변수**라 하고, 위와 같은 대응관계를 확률변수 X의 **확률분포**라 한다.

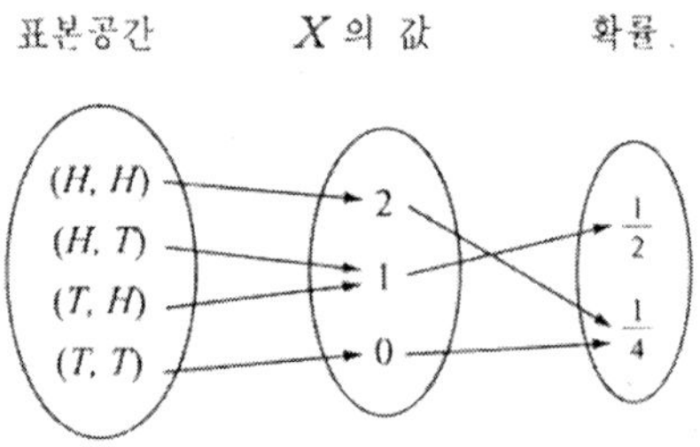

그림 8-9

정의 8.4.1

변수 X가 취할 수 있는 모든 값이 x_1, x_2, $\cdots$, x_n이고, X가 이들 값을 취할 확률 p_1, p_2, $\cdots$, p_n $(p_1+p_2+p_3+\cdots+p_n=1)$이 정해져 있을 때, 이 변수 X를 **확률변수**라 하고, 확률변수 X가 취하는 값 x_i와 X가 x_i를 취할 확률 p_i와의 대응관계를 확률변수 X의 **확률분포**라 한다.(이때 대응관계는 $P(X=x_i)=p_i$(단, $i=1, 2, \cdots, n$)과 같은 식으로 나타낼 수도 있고, 다음 표(확률분포표)와 같이 나타낼 수도 있으며, 그래프로 나타낼 수도 있다. 확률변수 X가 취할 수 있는 값의 개수가 유한 또는 가부번일 때 X는 **이산확률변수**라 한다.)

$X=x_i$	x_1	x_2	x_3	$\cdots$	x_n
$P(X=x_i)$	p_1	p_2	p_3	$\cdots$	p_n

예제 8.4-1

흰 구슬 3개, 푸른 구슬 3개가 들어 있는 주머니에서 동시에 세 개의 구슬을 꺼낼 때, 나오는 푸른 구술의 개수를 확률변수 X라고 하자. 이때, X의 확률분포표를 구하여라.

풀이 푸른 구슬이 나오는 개수가 X이므로, 확률변수 X가 취하는 값은 0, 1, 2, 3이다. 이 때, 확률

$$P(X=x_i)=\frac{{}_3C_{x_i}\times{}_3C_{3-x_i}}{{}_6C_3}$$

(단, x_i=0, 1, 2, 3)이므로

$$P(X=0)=\frac{{}_3C_0\times{}_3C_3}{{}_6C_3}=\frac{1}{20},$$

$$P(X=1)=\frac{{}_3C_1\times{}_3C_2}{{}_6C_3}=\frac{9}{20},$$

$$P(X=2)=\frac{{}_3C_2\times{}_3C_1}{{}_6C_3}=\frac{9}{20},$$

$$P(X=3)=\frac{{}_3C_3\times{}_3C_0}{{}_6C_3}=\frac{1}{20}$$

이다.

따라서, 구하는 확률분포표는 다음과 같다.

X	0	1	2	3	계
$P(X=x_i)$	$\frac{1}{20}$	$\frac{9}{20}$	$\frac{9}{20}$	$\frac{1}{20}$	1

■

이산확률변수의 누적분포함수(확률분포함수 또는 분포함수)는 다음과 같이 정의한다.

$$F(x)=\sum_{x_i\le x}P(X=x_i)$$

분포함수가 다음의 성질을 갖는다는 것은 그 정의로부터 명백하다.

$$F(-\infty)=0,\ F(\infty)=1,\ 0\le F(x)\le 1,$$
$$P(a<x\le b)=F(b)-F(a)$$

예제 8.4-2

서로 다른 두 개의 주사위를 동시에 던져서 나타나는 눈의 수의 합을 확률변수 X라 할 때, 확률변수 X의 확률분포표를 구하고, 확률 $P(5 \le X < 8)$의 값을 구하여라.

풀이 확률변수 X가 취할 수 있는 값은 2, 3, 4, $\cdots$, 12이다. 두 개의 주사위를 던질 때 나타나는 모든 경우의 수는 6×6=36가지이고 눈의 수의 합이 2, 3, 4, ···, 12가 되는 경우를 생각하여 X의 확률분포표를 만들면 다음과 같다.

X	2	3	4	5	6	7	8	9	10	11	12	계
$P(X=x)$	1/36	2/36	3/36	4/36	5/36	6/36	5/36	4/36	3/36	2/36	1/36	1

따라서,

$$\begin{aligned} P(5 \le X < 8) &= P(X=5 \text{ 또는 } X=6 \text{ 또는 } X=7) \\ &= P(X=5)+P(X=6)+P(X=7) \\ &= \frac{4}{36}+\frac{5}{36}+\frac{6}{36}=\frac{15}{36}=\frac{5}{12} \text{ 이다.} \end{aligned}$$

■

■ 확률변수의 평균(기대값)과 표준편차

정의 8.4.2

확률변수 X의 확률분포가 아래 표와 같이 주어졌을 때 $x_1p_1+x_2p_2+\cdots+x_np_n$을 확률변수 X의 평균 또는 **기대값**이라고 하며, 이것을 기호

$$E(X)(=m)=\sum_{i=1}^{n} x_ip_i$$

로 나타낸다.

($E(X)$의 E는 Expectation(기대값)의 첫 글자이다.)

X	x_1	x_2	x_3	$\cdots$	x_n	계
$P(X=x_i)$	p_1	p_2	p_3	$\cdots$	p_n	1

예제 8.4-3

100원짜리 동전 두 개를 동시에 던질 때, 앞면이 나온 동전의 금액의 합을 X원이라고 하자. 이때, 확률변수 X의 기대값을 구하여라.

풀이 확률변수 X가 취하는 값은 0, 100, 200이고, 이들의 확률을 구하면 다음과 같다.

$$P(X=0) = {}_2C_0\left(\frac{1}{2}\right)^2 = \frac{1}{4},$$

$$P(X=100) = {}_2C_1\left(\frac{1}{2}\right)\cdot\left(\frac{1}{2}\right) = \frac{1}{2},$$

$$P(X=200) = {}_2C_2\left(\frac{1}{2}\right)^2 = \frac{1}{4}$$

X	0	100	200	계
$P(X=x)$	$\frac{1}{4}$	$\frac{1}{2}$	$\frac{1}{4}$	1

따라서, 구하는 기대값 $E(X)$는

$$E(X) = 0\times\frac{1}{4} + 100\times\frac{1}{2} + 200\times\frac{1}{4} = 100(\text{원})\text{이다.}$$ ■

정의 8.4.3

확률변수 X의 평균이 m일 때, $(X-m)^2$의 평균 $E((X-m)^2)$을 X의 분산이라 하고, $V(X)$ 또는 $\sigma^2(X)$로 나타낸다. 또, 분산의 음이 아닌 제곱근을 표준편차라 하고, $D(X)$ 또는 $\sigma(X)$로 나타낸다. 곧,

분산(variance) :

$$V(X) = \sum_{i=1}^{n}(x_i - m)^2 \cdot p_i$$
$$= (x_1-m)^2\cdot p_1 + (x_2-m)^2\cdot p_2 + \cdots + (x_n-m)^2\cdot p_n$$

표준편차(standard deviation) :

$$\sigma(X) = \sqrt{V(X)} = \sqrt{\sum_{i=1}^{n}(x_i-m)^2\cdot p_i}$$

(σ는 standard의 s에 해당하는 그리스 문자이다.)

예제 8.4-4

확률변수 X의 분산 $V(X)$는 다음과 같이 변형할 수 있음을 보여라.

$$V(X)=\sum_{i=1}^{n} x_i^2 \cdot p_i - m^2 = E(X^2)-\{E(X)\}^2$$

풀이

$$V(X)=\sum_{i=1}^{n}(x_i-m)^2 \cdot p_i$$

$$=\sum_{i=1}^{n} x_i^2 \cdot p_i - 2m\sum_{i=1}^{n} x_i p_i + m^2 \cdot \sum_{i=1}^{n} p_i$$

여기서, $\sum_{i=1}^{n} x_i \cdot p_i = m$이고 $\sum_{i=1}^{n} p_i = 1$이므로

$$V(X)=\sum_{i=1}^{n} x_i^2 \cdot p_i - 2m \cdot m + m^2 \cdot 1 = \sum_{i=1}^{n} x_i^2 \cdot p_i - m^2$$

$$=E(X^2)-\{E(X)\}^2$$

■

예제 8.4-5

동전 세 개를 동시에 던질 때, 앞면이 나오는 개수를 X라고 하면, X의 평균, 분산 및 표준편차를 구하여라.

풀이 확률변수 X의 확률분포표는 다음과 같다.

X	0	1	2	3	계
$P(X=x)$	$\frac{1}{8}$	$\frac{3}{8}$	$\frac{3}{8}$	$\frac{1}{8}$	1

따라서, 평균 $E(X)$와 분산 $V(X)$, 표준편차 $\sigma(X)$는 각각

$$E(X)=0\times\frac{1}{8}+1\times\frac{3}{8}+2\times\frac{3}{8}+3\times\frac{1}{8}=\frac{3}{2},$$

$$V(X)=\left(0^2\times\frac{1}{8}+1^2\times\frac{3}{8}+2^2\times\frac{3}{8}+3^2\times\frac{1}{8}\right)-\left(\frac{3}{2}\right)^2=\frac{3}{4},$$

$\sigma(X)=\sqrt{\frac{3}{4}}=\frac{\sqrt{3}}{2}$ 이다.

■

정리 8.4.1

X가 확률변수이고, a, b가 상수일 때

(1) $E(aX+b)=aE(X)+b$

(2) $V(aX+b)=a^2V(X)$

(3) $\sigma(aX+b)=|a|\sigma(X)$이다.

증명

(1) $E(aX+b)=\sum_{i=1}^{n}(ax_i+b)\cdot p_i=a\sum_{i=1}^{n}x_i\cdot p_i+b\sum_{i=1}^{n}p_i$

$=a\cdot E(X)+b$

(여기에서 $E(X)(=m)=\sum_{i=1}^{n}x_i\cdot p_i$, $\sum_{i=1}^{n}p_i=1$)

(2) 위에서 $E(aX+b)=a\cdot m+b$이므로

$$V(aX+b)=E(\{(aX+b)-(am+b)\}^2)$$
$$=E(\{a(X-m)\}^2)$$
$$=E(a^2(X-m)^2)=a^2\cdot E((X-m)^2)$$
$$=a^2\cdot V(X)$$

(3) $V(aX+b)=a^2\cdot V(X)$에서

$$\sqrt{V(aX+b)}=|a|\cdot\sqrt{V(X)}$$

그러므로

$$\sigma(aX+b)=|a|\cdot\sqrt{V(X)}$$ 이다. ■

예제 8.4-6

확률변수 X의 평균을 m, 표준편차를 σ라 하고, 새로운 확률변수 Z를 $Z=(X-m)/\sigma$이라고 할 때, $E(Z)=0$, $\sigma(Z)=1$임을 보여라.

풀이 $E(X)=m$, $V(X)=\sigma^2$이므로

$$E(Z)=E\left(\frac{X-m}{\sigma}\right)=E\left(\frac{1}{\sigma}\cdot X-\frac{m}{\sigma}\right)$$
$$=\frac{1}{\sigma}\cdot E(X)-\frac{m}{\sigma}$$ (정리 8.4.1에 의함)

$$= \frac{1}{\sigma} \cdot m - \frac{m}{\sigma} = 0$$

$$V(Z) = V\left(\frac{X-m}{\sigma}\right) = \frac{1}{\sigma^2} \cdot V(X) \quad (\text{정리 } 8.4.1\text{의 } (2))$$

$$= \frac{1}{\sigma^2} \cdot \sigma^2 = 1$$ ■

예제 8.4-7

$\sigma(X) = 10$일 때, $\sigma(2X-3)$, $\sigma(-2X-3)$을 구하여라.

풀이 $\sigma(2X-3) = |2| \cdot \sigma(X) = 2 \times 10 = 20$,
$\sigma(-2X-3) = |-2| \cdot \sigma(x) = 2 \times 10 = 20$ ■

■ 이항분포

정의 8.4.4

어떤 시행에서 사건 A가 일어날 확률이 p라 한다. 이 시행을 n회 독립으로 반복할 때, 사건 A가 일어날 횟수를 확률변수 X라 하면 X의 확률분포는

X	0	1	$\cdots$	r	$\cdots$	n	계
$P(X=r)$	${}_nC_0q^n$	${}_nC_1pq^{n-1}$	$\cdots$	${}_nC_rp^rq^{n-r}$	$\cdots$	${}_nC_np^n$	1

이고 (단, $p+q=1$), 이때 X의 확률분포는
$P(X=r) = {}_nC_rp^rq^{n-r}$, $(p+q=1,\ r=0,\ 1,\ 2,\ \cdots,\ n)$이다. 이와같은 확률분포를 특히, **이항분포**(binomial distribution)라고 하며, 기호 $B(n,\ p)$로 나타낸다.
(이 확률분포에서 각 확률은 이항정리에 의하여 $(p+q)^n$을 전개한
$(p+q)^n = {}_nC_0q^n + {}_nC_1pq^{n-1} + \cdots + {}_nC_rp^rq^{n-r} + \cdots + {}_nC_np^n$의 각 항과 같다.)

예제 8.4-8

확률변수 X가 이항분포 $B\left(2,\ \frac{1}{3}\right)$을 따를 때, X의 확률분포표를 만들어라.

풀이 X가 취할 수 있는 값은 0, 1, 2이고, 이에 대응하는 확률은 ${}_2C_0\left(\frac{1}{3}\right)^0\left(\frac{2}{3}\right)^2$, ${}_2C_1\left(\frac{1}{3}\right)^1\left(\frac{2}{3}\right)^1$, ${}_2C_2\left(\frac{1}{3}\right)^2\left(\frac{2}{3}\right)^0$이므로 X의 확률분포표는 다음과 같다.

X	0	1	2	계
$P(X=r)$	$\frac{4}{9}$	$\frac{4}{9}$	$\frac{1}{9}$	1

■

정리 8.4.2

확률변수 X가 이항분포 $B(n,\ p)$를 따를 때, X의 평균($E(X)$), 분산($V(X)$), 표준편차($\sigma(X)$)는 다음과 같다(단, $p+q=1$).

(1) $E(X)=np$

(2) $V(X)=npq$

(3) $\sigma(X)=\sqrt{npq}$

증명 확률변수 X의 평균 $E(X)$의 정의에 의하여

(1) $E(X)=\sum_{r=0}^{n} r\cdot P(X=r)=\sum_{r=0}^{n} r\cdot {}_nC_r p^r\cdot q^{n-r}$

$=\sum_{r=1}^{n} n\cdot {}_{n-1}C_{r-1}p^r q^{n-r}$ (단, $r\cdot {}_nC_r=n\cdot {}_{n-1}C_{r-1}$)

$=np\sum_{r=1}^{n} {}_{n-1}C_{r-1}p^{r-1}q^{n-r}$

$=np(p+q)^{n-1}=np$이다.

(2) $V(X)=E(X^2)-\{E(X)\}^2$

$=\sum_{r=0}^{n}\{r^2\cdot {}_nC_r p^r q^{n-r}-(np)^2$

$$= \sum_{r=1}^{n} \{r(r-1)+r\}\, {}_nC_r p^r q^{n-r} - (np)^2$$

$$= \sum_{r=0}^{n} r(r-1)\, {}_nC_r p^r q^{n-r} + \sum_{r=0}^{n} r \cdot {}_nC_r p^r q^{n-r} - (np)^2$$

그런데

$$r(r-1)\, {}_nC_r = r(r-1) \cdot \frac{n!}{(n-r)!r!}$$

$$= \frac{n(n-1)(n-2)!}{(n-r)!(r-2)!}$$

$= n(n-1)\, {}_{n-2}C_{r-2}$이므로

$$V(X) = n(n-1)p^2 \sum_{r=2}^{n} {}_{n-2}C_{r-2} p^{r-2} q^{n-r} + np - (np)^2$$

$$= n(n-1)p^2 (p+q)^{n-2} + np - n^2p^2$$

$$= n(n-1)p^2 \cdot 1 + np - n^2p^2$$

$$= np - np^2 = np(1-p) = npq \quad (\text{단, } q = 1-p)$$

(3) $\sigma(X) = \sqrt{V(X)}$ 이므로 $\sigma(X) = \sqrt{npq}$ 이다. ■

예제 8.4-9

어떤 질병에 대한 치유율이 90%인 의약품으로 열 명의 환자가 치료를 받고 있다. 치유될 환자의 수를 X라고 할 때,

(a) X의 평균과 분산을 구하여라.

(b) X^2의 평균을 구하여라.

풀이 각 환자가 치유되는 사건은 서로 독립이므로 X는 이항분포 $B(10,\ 0.9)$를 따른다.

(a) $E(X) = np = 10 \times 0.9 = 9$

$V(X) = npq = 10 \times 0.9 \times 0.1 = 0.9$

(b) $V(X) = E(X^2) - \{E(X)\}^2$에 (a)의 값을 대입하면

$0.9 = E(X^2) - 9^2$. 그러므로 $E(X^2) = 81.9$이다. ■

■ 큰 수의 법칙(대수의 법칙)

한 개의 주사위를 n회 던질 때, 1의 눈이 나오는 횟수를 X라고 하면 1의 눈이 k

회 나올 확률 $P(X=k)$는 $P(X=k)={}_nC_k\left(\frac{1}{6}\right)^k\left(\frac{5}{6}\right)^{n-k}$ 이고, 확률변수 X는 이항분포 $B\left(n,\ \frac{1}{6}\right)$을 따른다. 다음은 이항분포 $B(n,\ p)$에서 $p=\frac{1}{6}$, $n=10,\ 30,\ 50$에 대한 확률 $P(X=k)$의 근사값을 계산하여 만든 표와 그래프이다.

k \ n	10	30	50
0	0.162	0.004	0.000
1	0.323	0.025	0.001
2	0.291	0.073	0.005
3	0.155	0.137	0.017
4	0.054	0.185	0.040
5	0.013	0.192	0.075
6	0.002	0.160	0.112
7	0.000	0.110	0.140
8	⋮	0.063	0.151
9	⋮	0.031	0.141
10	⋮	0.013	0.116
11	⋮	0.005	0.084
12	⋮	0.001	0.055
13	⋮	0.000	0.032

$$P(X=k)={}_nC_k\left(\frac{1}{6}\right)^k\left(\frac{5}{6}\right)^{n-k}$$

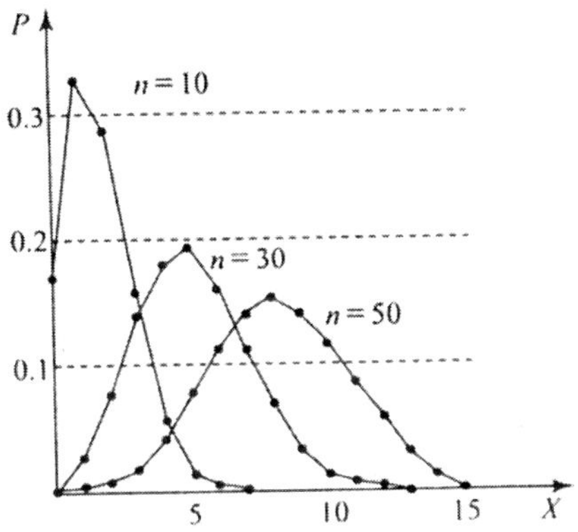

그림 8-10

위의 그래프와 같이, 이항분포의 그래프는 n이 커짐에 따라 선대칭인 곡선으로 된다.

예 위의 표를 이용하여 $n=10,\ 30,\ 50$에 대한 확률 $P\left(\left|\frac{X}{n}-\frac{1}{6}\right|<0.1\right)$의 값을 각각 구하여 보자.

여기서, n은 양수이므로

$$\left|\frac{X}{n}-\frac{1}{6}\right|<0.1 \iff \frac{n}{15}<X<\frac{4n}{15} \qquad ①$$

(i) $n=10$인 경우 : ①에서 $\frac{2}{3}<X<\frac{8}{3}$이므로 $X=1,\ 2$

따라서, 구하는 확률 P는

$$P = {}_{10}C_1\left(\frac{1}{6}\right)\cdot\left(\frac{5}{6}\right)^9 + {}_{10}C_2\left(\frac{1}{6}\right)^2\cdot\left(\frac{5}{6}\right)^8$$
$$= 0.323 + 0.291 = 0.614$$

(ii) $n = 30$인 경우 : ①에서 $2 < X < 8$이므로

X=3, 4, 5, 6, 7. 따라서, 구하는 확률 P는

$$P = {}_{30}C_3\left(\frac{1}{6}\right)^3\left(\frac{5}{6}\right)^{27} + \cdots + {}_{30}C_7\left(\frac{1}{6}\right)^7\left(\frac{5}{6}\right)^{23}$$
$$= 0.137 + 0.185 + 0.192 + 0.160 + 0.110 = 0.784$$

(iii) $n = 50$인 경우 : ①에서 $\frac{10}{3} < X < \frac{40}{3}$이므로

X= 4, 5, 6, ⋯, 13. 따라서 구하는 확률 P는

$$P = 0.040 + 0.075 + \cdots + 0.032 = 0.946$$ ■

위의 예로부터 확률 $P\left(\left|\frac{X}{n} - \frac{1}{6}\right| < 0.1\right)$의 값은 n이 한없이 커짐에 따라 점점 1에 가까와짐을 알 수 있다.

확률 $P\left(\left|\frac{X}{n} - \frac{1}{6}\right| < 0.1\right)$에서 0.1을 0.01, 0.001과 같이, 임의의 작은 수로 바꾸어 놓아도, 위의 확률은 n이 커지면 1에 가까와진다.

이것은 주사위를 n회 던질 때, 1의 눈이 나오는 상대도수 $\frac{r}{n}$는 n을 한없이 크게하면 $\frac{1}{6}$에 가까와진다는 것을 뜻한다. 이것은 주사위 뿐만 아니라, 독립시행에서는 항상 성립한다.

■ **큰 수의 법칙**

어떤 시행에서 사건 A가 일어날 확률이 p일 때, n회의 독립시행에서 사건 A가 일어날 횟수를 X라고 하면, 충분히 작은 양수 h에 대하여

$$\lim_{n \to \infty} P\left(\left|\frac{X}{n} - p\right| < h\right) = 1$$

이다.

큰 수의 법칙으로부터 n이 충분히 크면 통계적 확률과 수학적 확률은 같다고 할 수 있다. 따라서, n이 충분히 크면 사건 A의 상대도수를 수학적 확률 $P(A)$의 근사값으로 사용할 수 있다.

연습문제 8.4 Exercises

1. 확률 변수 X의 확률분포표가 다음과 같다.

X	0	1	2	3	4	계
$P(X)$	0.1	0.25	0.3	0.25	0.1	1

이때, 다음 값을 구하여라.

(1) $P(X=2)$

(2) $P(X=2$ 또는 $X=4)$

(3) $P(2 \leq X \leq 4)$

(4) $P(X \geq 1)$

2. 다음과 같이 상금이 붙은 열 개의 제비가 있다. 이 제비에서 한 개의 제비를 뽑을 때 상금의 액수를 X원이라고 하면, 확률변수 X의 평균을 구하여라.

등급	제비 수	상금(원)
1등	1	1000
2등	2	500
3등	3	200
4등	4	0
계	10	

3. 어떤 정책에 대하여 천 명을 상대로 하여 여론조사를 한 바 찬성한 사람은 60%이고, 나머지는 모두 반대하였다. 찬성자에 1, 반대자에 0인 값을 줄 때, 평균과 분산을 구하여라.

4. 다음은 확률변수 X의 확률분포이다.

X	1	2	3	4	계
$P(X)$	0.1	0.2	0.4	0.3	1

(1) $E(X)$, $E(X^2)$, $V(X)$를 구하여라.

(2) $Y=-2X+1$의 확률분포, 평균 및 분산을 구하여라.

5. 확률변수 X의 확률분포에서 $E(X)=540$, $V(X)=8100$이다. $Y=aX+b$ $(a>0)$로 정해지는 확률변수 Y에 대하여, $E(Y)=50$, $V(Y)=100$이 되도록 상수 a, b의 값을 정하여라.

6. 한 개의 주사위를 9회 던져서 1 또는 2의 눈이 나오는 횟수 X에 대하여 $3X+2$ 원의 상금을 받기로 하였다. 이때 상금의 기대값을 구하여라.

7. 확률변수 X는 이항분포 $B(12, p)$ (단, $p \neq 1$)을 따르고, $P(X=1)=12 \cdot P(X=0)$일 때, $P(X=2)$의 값을 구하여라.

8. 매 회마다 사건 E가 일어나는 확률이 p인 독립시행을 n회 반복할 때, 사건 E가 일어나는 횟수 X의 평균이 0.95이고, 표준편차도 0.95라 한다. p와 n의 값을 각각 구하여라.

9. 1, 2, ⋯, 10의 숫자가 각각 한 개씩 쓰여진 열 장의 카드가 있다. 이 중에서 임의로 두 장의 카드를 택할 때, 큰 수의 평균을 구하여라.

10. 10원 짜리 동전 한 개와 100원 짜리 동전 한 개를 동시에 던져서 앞면이 나온 동전의 금액의 합을 X라 할 때, X의 평균과 분산을 구하여라.

11. 확률변수 X의 확률분포가 다음과 같을 때, X의 분산을 최대가 되게 하는 x의 값을 구하여라. 또, 이때 y의 값을 구하여라.

X	0	1	2	계
$p(X)$	y	$\frac{1}{4}$	x	1

8.5 연속확률변수와 확률분포

지금까지 다룬 확률변수 X가 취하는 값은 x_1, x_2, $\cdots$ x_n과 같이 하나 하나 떨어진 값이었다. 이와같은 확률변수를 **이산확률변수**라 하였다. 여기에서는 시간, 온도, 사람의 키 등과 같이 연속적으로 어떤 구간 안에 있는 모든 값을 취하는 확률변수(연속확률변수)에 대하여 생각해 보자.

정의 8.5.1

변수 X가 어떤 구간 $[\alpha, \beta]$안의 모든 값을 갖고, $f(x)$가 구간 $[\alpha, \beta]$를 정의역으로 하는 함수로서 조건

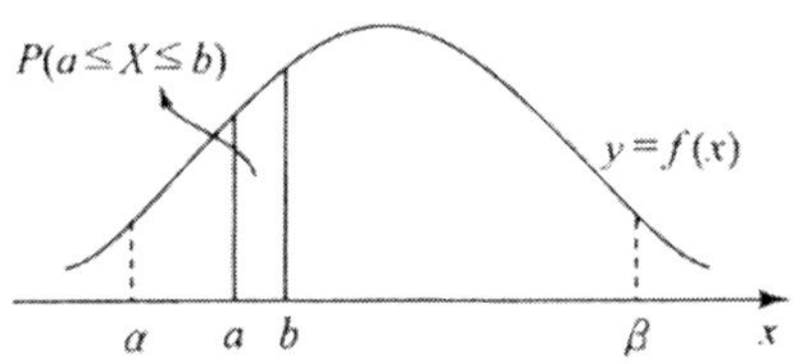

그림 8-11

(i) $f(x) \geq 0$

(ii) $\int_\alpha^\beta f(x)dx = 1$

(iii) 변수 X가 구간 $[a, b]$안에 속할 확률
$P(a \leq X \leq b)$는

$$P(a \leq X \leq b) = \int_a^b f(x)dx \quad (\text{단, } \alpha \leq a \leq b \leq \beta)$$

를 만족할 때, 변수 X를 **연속확률변수** 또는 간단히 **연속변수**라 하고, 함수 $f(x)$를 X의 **확률밀도함수**, 곡선 $y = f(x)$를 분포곡선이라 한다.

예제 8.5-1

구간 [0, 1]에서 정의된 연속확률변수 X의 확률밀도함수가 $f(x)=ax$일 때, a의 값을 구하여라.

풀이 $f(x)=ax$가 확률밀도함수이므로

$\int_0^1 f(x)dx=1$이 되어야 한다. 따라서

$$\int_0^1 ax\,dx=\left[\frac{1}{2}ax^2\right]_0^1=\frac{1}{2}a=1$$

그러므로 $a=2$이다. ■

예제 8.5-2

버스 정류장에 도착해서 버스를 탈 때까지 기다리는 시간을 X분이라 할 때, X의 확률밀도함수가 $f(x)=ax(10-x)$, $(0\le x\le 10)$이라 한다. 기다리는 시간이 3분 이내일 확률을 구하여라.

풀이 확률밀도함수의 정의에 의하여

$$\begin{aligned}\int_0^{10} f(x)dx&=\int_0^{10} ax(10-x)dx\\&=a\left[5x^2-\frac{1}{3}x^3\right]_0^{10}\\&=\frac{500}{3}a=1\end{aligned}$$

따라서 $a=\frac{3}{500}$이고 $f(x)=\frac{3}{500}x(10-x)$가 된다.

그러므로 기다리는 시간이 3분 이내일 확률 $P(X\le 3)$은

$$\begin{aligned}P(X\le 3)&=\int_0^3 f(x)dx=\int_0^3\frac{3}{500}x(10-x)dx\\&=\frac{3}{500}\left[5x^2-\frac{1}{3}x^3\right]_0^3=\frac{27}{125}\end{aligned}$$

이다. ■

정의 8.5.2

연속확률변수 X가 구간 $[\alpha,\ \beta]$의 모든 값을 취하고, 그 확률밀도함수가 $f(x)$일 때, X의 평균, 분산, 표준편차를 다음과 같이 정의한다.

$$\text{평균}\ E(X)=m=\int_\alpha^\beta xf(x)dx$$

$$\text{분산}\ V(X)=\int_\alpha^\beta (x-m)^2 f(x)dx=\int_\alpha^\beta x^2 f(x)dx-m^2$$

$$\text{표준편차}\ \sigma(X)=\sqrt{V(X)}=\sqrt{\int_\alpha^\beta (x-m)^2 f(x)dx}$$
$$=\sqrt{\int_\alpha^\beta x^2 f(x)dx-m^2}$$

예제 8.5-3

위의 연속확률변수 X의 분산 $V(X)$에 대하여 다음 등식이 성립함을 보여라.

$$(V(X))=\int_\alpha^\beta (x-m)^2\cdot f(x)dx=\int_\alpha^\beta x^2 f(x)dx-m^2$$

풀이

$$\begin{aligned}V(X)&=\int_\alpha^\beta (x-m)^2\cdot f(x)dx\\&=\int_\alpha^\beta x^2 f(x)dx-2m\int_\alpha^\beta xf(x)dx+m^2\int_\alpha^\beta f(x)dx\\&=\int_\alpha^\beta x^2 f(x)dx-2m\cdot m+m^2\quad \left(\text{단, }\int_\alpha^\beta f(x)dx=1\right)\\&=\int_\alpha^\beta x^2 f(x)dx-m^2\ \ (=E(X^2)-\{E(X)\}^2).\end{aligned}$$

■

정리 8.5.1

X가 연속확률변수이고 a, b는 임의의 상수일 때,

(1) $E(aX+b)=aE(X)+b$

(2) $V(aX+b)=a^2V(X)$이다.

증명

$$\begin{aligned}(1)\ E(aX+b)&=\int_\alpha^\beta (ax+b)f(x)dx\\&=a\int_\alpha^\beta xf(x)dx+b\int_\alpha^\beta f(x)dx\\&=aE(X)+b\end{aligned}$$

$$\begin{aligned}(2)\ V(aX+b)&=\int_\alpha^\beta \{(ax+b)-(aE(X)+b)\}^2 f(x)dx\\&=\int_\alpha^\beta a^2(x^2-2xE(x)+(E(x))^2)f(x)dx\\&=a^2\int_\alpha^\beta (x-E(X))^2\cdot f(x)dx=a^2V(X)\end{aligned}$$

■

예제 8.5-4

연속확률변수 X의 확률밀도함수 $f(x)$가

$$f(x)=\begin{cases}kx^3 & (0\le x\le \sqrt{2})\\ 0 & (x<0, x>\sqrt{2})\end{cases}$$

로 주어질 때, 다음 값을 구하여라.

(a) 상수 k

(b) $P(X\le a)=0.25$인 a

(c) $E(X)$, $V(X)$

풀이

(a) $f(x)$는 확률밀도함수이므로 $\int_\alpha^\beta f(x)dx=1$로부터

$\int_0^{\sqrt{2}} kx^3dx=\left[\frac{1}{4}kx^4\right]_0^{\sqrt{2}}=k$ 그러므로 $k=1$이다.

(b) $P(X \le a) = \int_0^a x^3 dx = \left[\frac{1}{4}x^4\right]_0^a = \frac{1}{4}a^4$ 따라서

$\frac{1}{4}a^4 = 0.25$ 곧 $a^4 = 1$ 그런데 $0 \le a \le \sqrt{2}$ 이므로 $a = 1$

(c) $E(X) = \int_0^{\sqrt{2}} x \cdot f(x)dx = \int_0^{\sqrt{2}} x \cdot x^3 dx = \left[\frac{1}{5}x^5\right]_0^{\sqrt{2}} = \frac{4\sqrt{2}}{5}$,

$$V(X) = \int_0^{\sqrt{2}} x^2 f(x)dx - m^2 = \int_0^{\sqrt{2}} x^2 \cdot x^3 dx - \left(\frac{4\sqrt{2}}{5}\right)^2$$

$$= \frac{4}{75}$$ ■

■ 정규분포

통계학에서 다루는 여러 가지의 확률분포들이 있다. 이산확률변수에서의 이항분포, 포아송(Poisson)분포, 기하분포, 파스칼(Pascal)분포 등과 연속확률변수에서의 일양분포, 지수분포, 정규분포 등이 그것이다. 이중 가장 많이 쓰이고, 중요한 것이 정규분포이다. 정규분포는 1733년 드무아브르(De Moivre, 1667~1754)에 의해서 이항분포의 $n \to \infty$ 일 때 극한분포로 발견되었다. 가우스(Gauss, 1777~1855)도 드무아브르와는 독립적으로 정규분포를 발견하여 천문학에 응용하였다. 그런 연유로 정규분포가 가우스분포라고도 불린다.

정의 8.5.2

연속확률변수 X가 $-\infty < x < \infty$ 인 실수 전체의 값을 취하고, X의 확률밀도함수 $f(x)$가

$$f(x) = \frac{1}{\sqrt{2\pi} \cdot \sigma} \cdot e^{-\frac{(x-m)^2}{2\sigma^2}} \quad ①$$

(단, m, σ는 상수, $\sigma > 0$)

로 주어질 때, X의 확률분포를 **정규분포**라 하며, 그래프를 **정규분포곡선** 또는 **정규곡선**이라 하고, X를 **정규확률변수**라 한다.

확률밀도함수가 ①로 주어진 정규분포에서 X의 평균은 m, 표준편차는 σ이므로, 이때 X는 평균 m, 분산 σ^2인 정규분포를 따른다고 말하고, $N(m,\ \sigma^2)$으로 나타낸다. ($N(m,\ \sigma^2)$에서 N은 Normal Distribution(정규분포)의 첫 글자이다.)

위에서 정의한 함수 f는 다음 두 조건

(i) $f(x) \geq 0$

(ii) $$\int_{-\infty}^{\infty} f(x)dx = \int_{-\infty}^{\infty} \frac{1}{\sqrt{2\pi}\cdot\sigma}\cdot e^{-\frac{(x-m)^2}{2\sigma^2}}dx$$

$$= \int_{-\infty}^{\infty} \frac{1}{\sqrt{\pi}}\cdot e^{-t^2}dt \quad \left(\text{단, } t = \frac{x-m}{\sqrt{2}\cdot\sigma}\right)$$

$$= \frac{2}{\sqrt{\pi}}\int_{0}^{\infty} e^{-t^2}dt = \frac{2}{\sqrt{\pi}}\cdot\frac{\sqrt{\pi}}{2} = 1$$

를 만족함으로 확률밀도함수를 나타낸다.

정리 8.5.1

확률변수 X가 정규분포 $N(m,\ \sigma^2)$를 따르면

$E(X) = m,\ \ V(X) = \sigma^2$이다.

증명

(i) $$E(X) = \int_{-\infty}^{\infty} x\cdot\frac{1}{\sqrt{2\pi}\cdot\sigma}\cdot e^{-\frac{(x-m)^2}{2\sigma^2}}dx$$

$$= \frac{1}{\sqrt{\pi}}\int_{-\infty}^{\infty}(\sqrt{2}\sigma t + m)e^{-t^2}dt \quad (\text{단, } t = (x-m)/(\sqrt{2}\cdot\sigma))$$

$$= \sqrt{\frac{2}{\pi}}\cdot\sigma\int_{-\infty}^{\infty} te^{-t^2}dt + \frac{m}{\sqrt{\pi}}\int_{-\infty}^{\infty} e^{-t^2}dt$$

$$= 0 + \frac{m}{\sqrt{\pi}}\cdot\sqrt{\pi} = m$$

(ii) $$V(X) = \int_{-\infty}^{\infty}(x-m)^2\cdot\frac{1}{\sqrt{2\pi}\cdot\sigma}\cdot e^{-\frac{(x-m)^2}{2\sigma^2}}dx$$

$$= \int_{-\infty}^{\infty} \frac{2\sigma^2 \cdot t^2}{\sqrt{\pi}} \cdot e^{-t^2} dt \ \left(\text{단, } t = \frac{(x-m)}{\sqrt{2} \cdot \sigma}\right)$$

$$= \frac{4\sigma^2}{\sqrt{\pi}} \int_{-\infty}^{\infty} t^2 e^{-t^2} dt$$

$$= \frac{2\sigma^2}{\sqrt{\pi}} \left[-te^{-t^2}\right]_0^{\infty} + \frac{2\sigma^2}{\sqrt{\pi}} \int_0^{\infty} e^{-t^2} dt$$

$$= 0 + \frac{2\sigma^2}{\sqrt{\pi}} \cdot \frac{\sqrt{\pi}}{2} = \sigma^2$$ ■

■ 정규분포곡선의 성질

확률변수 X의 확률밀도함수

$$f(x) = \frac{1}{\sqrt{2\pi} \cdot \sigma} \cdot e^{-\frac{(x-m)^2}{2\sigma^2}}$$

(단, $-\infty < x < \infty$)의 그래프는 다음과 같은 성질을 갖는다.

(1) 직선 $x = m$에 대하여 대칭이고 최대값 $\dfrac{1}{\sqrt{2\pi} \cdot \sigma}$을 갖는다.

(2) x축을 점근선으로 한다.

(3) σ의 값이 작을수록 높아지고 좁아지며, 클수록 낮아지고 넓어진다.

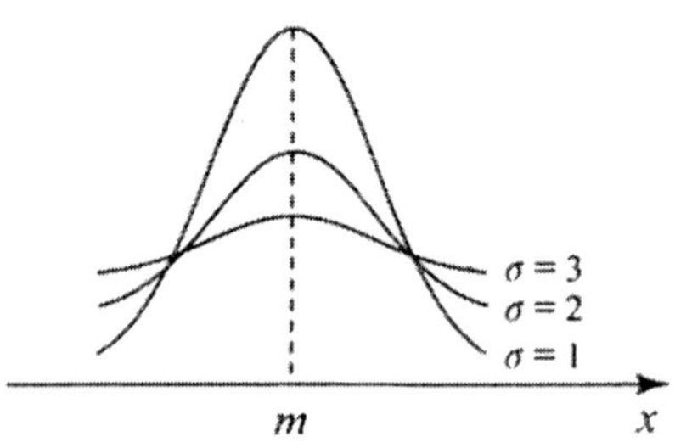

그림 8-8

정규분포 $N(m, \sigma^2)$을 이루는 확률변수 X에 대하여 새로운 확률 변수 Z를

$$Z = \frac{x-m}{\sigma} \qquad ②$$

이라 하면, Z는 확률밀도함수가 $g(z)=\frac{1}{\sqrt{2\pi}}\cdot e^{-\frac{z^2}{2}}$ 이고, 평균(m)이 0, 표준편차(σ)가 1인 정규분포를 따른다. 이러한 정규분포를 **표준정규분포**라고 하며, 기호 $N(0, 1)$로 나타낸다.

이와같이, 정규분포 $N(m, \sigma^2)$를 ②를 써서 표준정규분포 $N(0, 1)$로 바꾸는 것을 **표준화**한다고 한다.

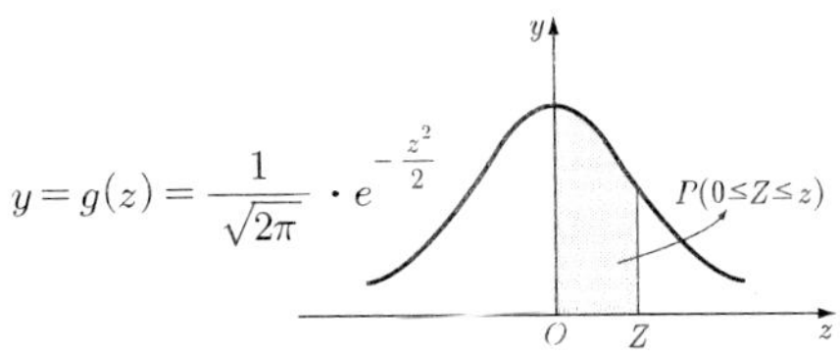

그림 8-13

부록에 있는 표준정규분포표는 확률변수 Z가 표준정규분포를 따를 때, 임의의 양수 z에 대하여 Z가 구간 $[0, z]$에 있을 확률 $P(0\le Z\le z)=\int_0^z \frac{1}{\sqrt{2\pi}}e^{-\frac{z^2}{2}}dz$의 값을 나타낸 표이다. 이 값은 그림 8-13의 색칠한 부분의 넓이와 같다.

예제 8.5-5

확률변수 X가 정규분포 $N(3, 2^2)$을 따를 때, 표준정규분포표를 이용하여 확률 $P(1\le X\le 7)$을 구하여라.

풀이 평균이 3, 표준편차가 2이므로, 확률변수 $Z=\frac{X-3}{2}$은 표준정규분포 $N(0, 1)$을 따른다. 이때,

$$X=1\text{이면 } Z=-1,\ X=7\text{이면 } Z=2$$

이므로

$$\begin{aligned}P(1\le X\le 7)&=P(-1\le Z\le 2)\\&=P(0\le Z\le 1)+P(0\le Z\le 2)\\&=0.3413+0.4772=0.8185\end{aligned}$$

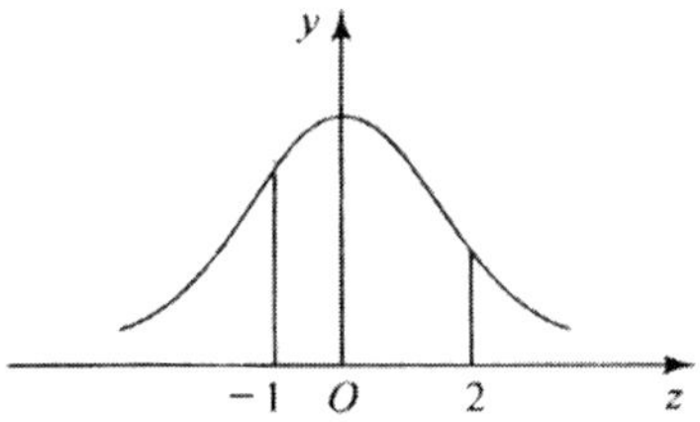

그림 8-14

■

예제 8.5-6

어느 제과점에서 만든 빵들의 두께는 평균 5cm, 표준편차 1cm인 정규분포를 따른다고 한다. 이때, 빵의 두께가 6.5cm 이상인 빵은 전체의 몇 %인지 구하여라.

풀이 빵의 두께를 X라고 하면, X는 정규분포 $N(5,\ 1^2)$을 따르므로 $Z=\dfrac{X-m}{\sigma}$이라고 하면

$$\begin{aligned} P(X \geq 6.5) &= P\left(Z \geq \frac{6.5-5}{1}\right) \\ &= P(Z \geq 1.5) \\ &= \frac{1}{2} - P(0 \leq Z \leq 1.5) \\ &= 0.5 - 0.4322 = 0.0668 \end{aligned}$$

따라서, 구하는 값은 6.68%이다.

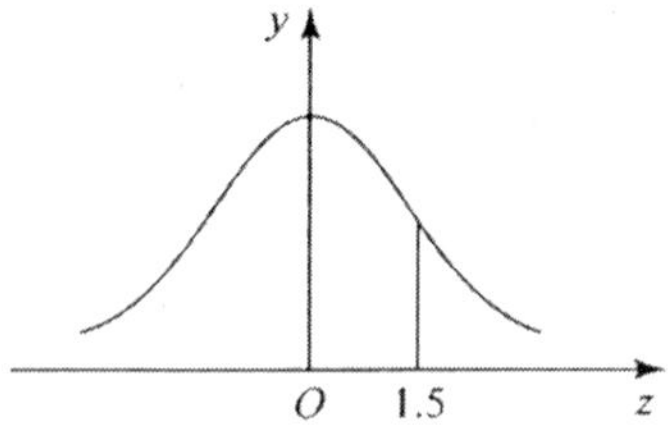

그림 8-15

■

■ 이항분포와 정규분포 사이의 관계

한 개의 주사위를 n회 던질 때, 1의 눈이 나오는 횟수를 X라고 하면, 확률변수 X는 이항분포 $B\left(n, \frac{1}{6}\right)$을 따른다. 여기서 n의 값을 10, 20, 30, 50으로 잡으면, 이항분포 $B\left(n, \frac{1}{6}\right)$의 그래프는 아래 그림 8-16(a)와 같다. 이때, n의 값이 커지면 이 그래프는 정규분포곡선에 가까워짐을 알 수 있다. 또, 이항분포 $B\left(n, \frac{1}{6}\right)$의 평균 $\frac{n}{6}$, 분산 $\frac{5n}{36}$을 평균과 분산으로 하는 정규분포 $N\left(\frac{n}{6}, \frac{5n}{36}\right)$의 그래프를 $n=10$, 20, 30, 50인 경우에 대하여 그리면 그림 8-16(b)와 같다.

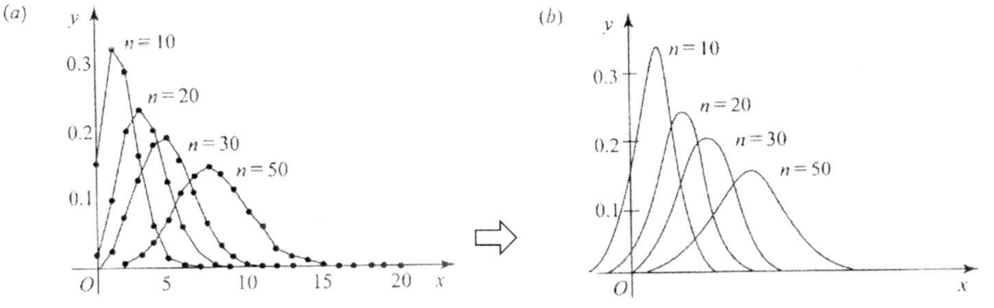

그림 8-16

일반적으로, 이항분포와 정규분포 사이에는 다음 관계가 성립한다는 것이 알려져 있다.

■ 이항분포와 정규분포의 관계

확률변수 X가 이항분포 $B(n, p)$를 따를 때, n이 충분히 크면 X는 근사적으로 정규분포 $N(np, npq)$를 따른다.

흔히 n이 30 이상일 때 n이 충분히 크다고 한다.

예제 8.5-7

한 개의 주사위를 720회 던질 때, 1의 눈이 나오는 횟수 X가 90회 이상 140회 이하가 나올 확률을 표준정규분포표를 이용하여 구하여라.(이항분포 $B(n,\ p)$에서 $m=np,\ \sigma^2=npq$임을 이용)

풀이 한 개의 주사위를 던질 때, 1의 눈이 나올 확률은 $\frac{1}{6}$이므로 확률변수 X는 이항분포 $B\left(720,\ \frac{1}{6}\right)$을 따른다. 이때, X의 평균을 $E(X)$, 표준편차를 $\sigma(X)$라고 하면

$$E(X)=720\times\frac{1}{6}=120,\ \sigma(X)=\sqrt{720\times\frac{1}{6}\times\frac{5}{6}}=10$$

이다.

여기에서, $n=720$은 충분히 크다고 할 수 있으므로 X는 정규분포 $N(120,\ 10^2)$을 따른다고 할 수 있다. 따라서, 구하는 확률은

$$\begin{aligned}P(90\le X\le 140)&=P\left(\frac{90-120}{10}\le Z\le\frac{140-120}{10}\right)\\&=P(-3\le Z\le 2)\\&=P(0\le Z\le 3)+P(0\le Z\le 2)\\&=0.4987+0.4772\\&=0.9759\end{aligned}$$

이다.

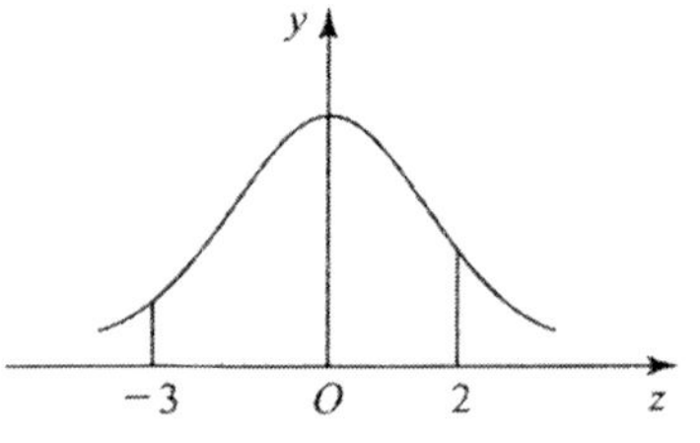

그림 8-17

■

연습문제 8.5 Exercises

1. 연속확률변수 X의 확률밀도함수가 $f(x)=\frac{1}{2}x\ (0 \le x \le 2)$로 주어질 때, 다음 각 확률을 구하여라.
   (1) $P(0 \le X \le 1)$
   (2) $P(1 \le X \le 2)$
   (3) $P(X \ge 1.2)$

2. 연속확률변수 X의 확률밀도함수가 $f(x)=3x^2\ (0 \le x \le 1)$로 주어질 때, X의 평균 및 분산을 구하여라.

3. 다음 그림은 확률변수 X의 확률밀도함수 $f(x)$의 그래프이다. 이때, 다음 물음에 답하여라.

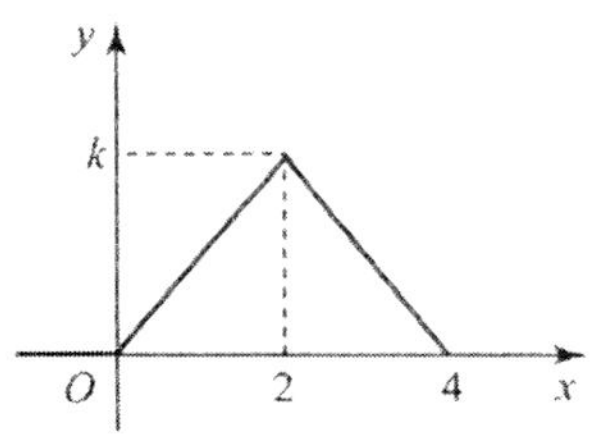

그림 8-18

   (1) 상수 k의 값을 구하여라.
   (2) X의 평균과 표준편차를 구하여라.

4. 확률변수 X가 정규분포 $N(70,\ 3^2)$을 따를 때, 표준정규분포표를 이용하여 다음 각 확률을 구하여라.
   (1) $P(70 \le X \le 76)$
   (2) $P(67 \le X \le 73)$

5. 확률변수 X가 정규분포 $N(5,\ 1.2^2)$를 따를 때, X가 구간 $[5-1.2k,\ 5+1.2k]$에 속할 확률이 0.497이 되는 k의 값을 구하여라.

6. 어떤 축구선수의 페널티킥 성공률은 80%라 한다. 이 선수가 100번의 페널티킥을 할 때, 90번 이상 성공할 확률을 표준정규분포표를 이용하여 구하여라.

7. "다음 5문장 중 맞는 두 문장에 ○표 하여라"라는 문제가 있다. 지금 응시자 1600명이 각자 생각 없이 아무렇게나 두 문장을 택하여 ○표 하는 것으로 한다. 1600명 중 두 문제 모두 맞춘 사람 수가 130명 이상 175명 이하로 될 확률을 표준정규분포표를 이용하여 구하여라.

8.6 통계적 추출

어떤 집단의 특성을 알기 위한 통계 조사는 인구 조사 등과 같이 조사의 대상이 되는 집단 전체를 조사하는 **전수조사**와 여론 조사 등과 같이 조사의 대상 중에서 일부분을 조사하여 집단 전체를 추측하는 **표본조사**가 있다.

표본조사에서 조사의 대상이 되는 자료 전체를 **모집단**이라 하고, 조사하기 위하여 모집단에서 뽑은 자료의 일부를 **표본**이라고 한다.

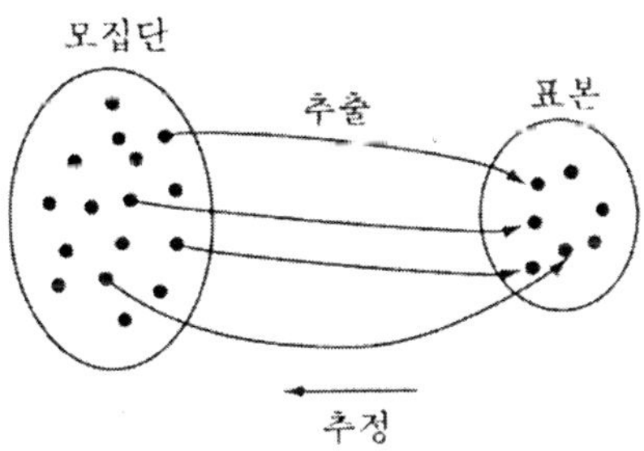

그림 8-19

표본의 개수를 **표본의 크기**라 하며, 표본을 선택하는 것을 **표본을 추출한다**고 한다.

표본조사는 모집단에서 추출한 표본의 성질을 조사하여 모집단의 성질을 추측하는 것이 목적이므로, 모집단의 성질이 잘 반영되도록 표본추출이 이루어져야 한다.

표본을 추출할 때, 조사자의 주관을 배제하고 모집단에서 모든 자료가 같은 확률로 뽑히도록 추출하는 방법을 **임의추출**이라 하고, 임의추출된 표본을 임의표본(또는 확률표본)이라 한다.

한편, 모집단에서 크기 n인 표본을 추출할 때, 한 개의 자료를 추출할 때마다 추출한 것을 도로 넣으면서 추출하는 것을 **복원추출**이라고 하며, 도로 넣지 않고 계속 추출하거나 동시에 n개를 추출하는 것을 **비복원추출**이라 한다.

■ 표본평균과 그 분포

정의 8.6.1

(1) 모평균과 표본평균

모집단의 분포에서 확률변수 X의 평균, 분산, 표준편차를 각각 **모평균**, **모분산**, **모표준편차**라 한다.

어떤 모집단에서 크기 n인 표본을 추출하는 경우, 추출된 n개의 변량을 각각 X_1, X_2, $\cdots$, X_n이라 할 때, 이들의 평균 $\overline{X}=\frac{1}{n}(X_1+X_2+\cdots+X_n)$을 표본평균이라 한다. 이때, $\overline{X}$는 확률변수이다.

(2) **표본평균의 평균과 분산**

모평균 m, 모표준편차 σ인 모집단에서 크기 n인 표본을 임의로 복원추출할 때, 표본평균을 $\overline{X}$라고 하면

$$E(\overline{X})=m,\ V(\overline{X})=\frac{\sigma^2}{n},\ \sigma(\overline{X})=\frac{\sigma}{\sqrt{n}}\text{ 이다.}$$

크기 N인 모집단에서 크기 n인 표본을 비복원추출할 때, $E(\overline{X})=m$, $V(\overline{X})=\frac{N-n}{N-1}\cdot\frac{\sigma^2}{n}$이다. 따라서 N이 n에 비하여 충분히 클 때에는 $V(\overline{X})\fallingdotseq\frac{\sigma^2}{n}$ 이다.

모평균이 m, 모표준편차가 σ일 때, 크기가 n인 표본의 표본평균 $\overline{X}$의 평균과 표준편차는 각각 m, $\frac{\sigma}{\sqrt{n}}$이므로, n이 커짐에 따라 $\overline{X}$의 표준편차는 0에 가까워지며, 표본평균 $\overline{X}$의 분포는 모평균 m을 중심으로 밀집됨을 알 수 있다.

일반적으로, 표본평균 $\overline{X}$의 확률분포에 대하여 다음 성질이 있음이 알려져 있다.

■ 표본평균 $\overline{X}$의 분포

모평균이 m, 모표준편차가 σ인 모집단에서 크기가 n인 표본을 임의추출할 때, 표본평균을 $\overline{X}$라고 하면

(1) 모집단의 분포가 정규분포이면 $\overline{X}$의 분포는 정규분포 $N\left(m,\ \dfrac{\sigma^2}{n}\right)$을 따른다.

(2) 모집단의 분포가 정규분포가 아닐 때에도 n이 충분이 크면, 표본평균 $\overline{X}$는 근사적으로 정규분포 $N\left(m,\ \dfrac{\sigma^2}{n}\right)$을 따른다.

예제 8.6-1

모평균이 120, 모표준편차가 10인 정규분포를 따르는 모집단에서 임의 추출된 크기 25인 표본평균이 115이상 124이하일 확률을 표준정규분포표에 의해서 구하여라.

풀이 모집단의 분포가 정규분포 $N(120,\ 10^2)$을 따르므로 크기 25인 표본평균을 $\overline{X}$라 하면, $\overline{X}$는 정규분포 $N\left(120,\ \dfrac{10^2}{25}\right)$. 곧, $N(120,\ 2^2)$을 따른다.

따라서, 구하는 확률은

$$
\begin{aligned}
P(115 \le \overline{X} \le 124) &= P(-2.5 \le Z \le 2) \\
&= P(0 \le Z \le 2.5) + P(0 \le Z \le 2) \\
&= 0.4938 + 0.4772 = 0.9710 \text{이다.}
\end{aligned}
$$

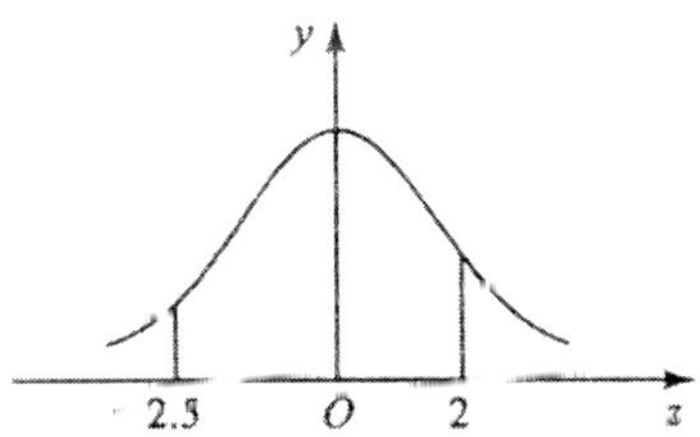

그림 8-20

■

■ 모평균의 추정과 신뢰도

모집단의 전수조사가 어려울 때, 표본을 가지고 그 모집단의 성질을 예상할 수 밖에 없다. 이와 같이, 표본에서 얻은 통계적 수치를 이용하여 모집단의 성질을 추측하는 것을 **추정**이라 한다.

모집단의 특성치(평균, 분산 등의 값)를 **모수**라고 한다. 추정하고자 하는 모수의 값에 대하여, 추정치로서 오직 한 값을 지정하는 추정방법을 **점추정**이라 하며 추정치의 근방에 일정한 폭을 설정하여 그 구간 내에 모수가 들어있다고 말하는 방법을 **구간추정**이라 한다.

추정의 옳은 정도를 확률로 나타낸 것을 그 추정의 **신뢰도**라고 한다.

앞에서 배운 바와 같이, 모집단이 정규분포 $N(m,\ \sigma^2)$를 따르거나 또는 n이 충분히 크면, 크기 n인 표본의 표본평균 $\overline{X}$의 분포는 정규분포 $N\left(m\ \ \frac{\sigma^2}{n}\right)$을 따르므로 확률변수

$$Z=\frac{\overline{X}-m}{\frac{\sigma}{\sqrt{n}}}$$

는 표준정규분포 $N(0,\ 1)$을 따른다. 그런데 표준정규분포표에서 $P(-1.96 \le Z \le 1.96) = 0.95$이므로

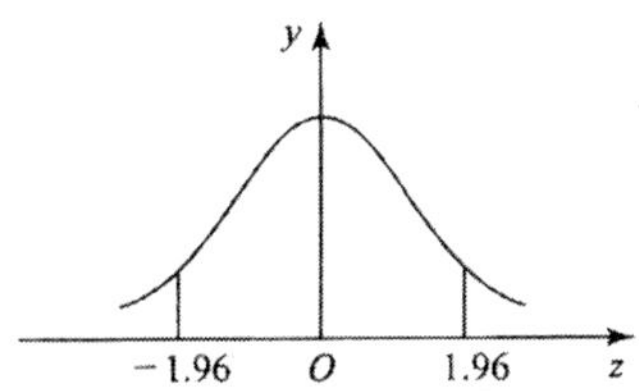

그림 8-21

$$P\left(-1.96 \le \frac{\overline{X}-m}{\frac{\sigma}{\sqrt{n}}} \le 1.96\right)=0.95$$

이다.

이것을 변형하면

$$P\left(\overline{X}-1.96\cdot\frac{\sigma}{\sqrt{n}} \le m \le \overline{X}+1.96\cdot\frac{\sigma}{\sqrt{n}}\right)=0.95$$

를 얻는다.

이것은 표본평균 $\overline{X}$에 대하여 모평균 m이

$$\left[\overline{X} - 1.96\frac{\sigma}{\sqrt{n}},\ \overline{X} + 1.96\frac{\sigma}{\sqrt{n}}\right] \qquad ①$$

에 속할 확률이 95%라는 것을 의미한다. 즉, 모평균 m이 ①의 구간에 속한다고 추정하는 것은 95%의 신뢰도가 있다고 할 수 있다.

이런 의미에서 구간 ①을 모평균 m의 신뢰도 95%인 **신뢰구간**이라고 한다. 이것은 다음과 같은 의미를 가지고 있다. 모집단에서 크기 n인 표본을 임의추출하여 각 경우마다 표본평균 $\overline{X}$를 구하면, 추출된 표본이 매번 달라지므로 $\overline{X}$의 값은 서로 다른 값을 가지게 된다. 따라서, 신뢰구간도 변하게 된다. 그러나 이러한 일을 충분히 반복하면 신뢰구간 중 95%는 모평균 m을 포함하는 것들이라고 기대할 수 있다는 의미이다.

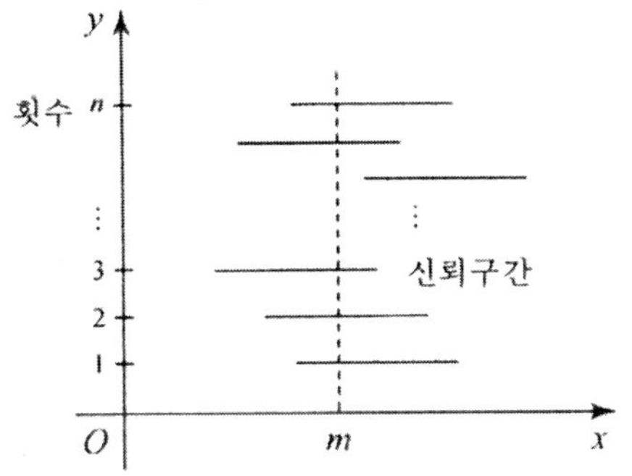

그림 8-22

같은 방법으로, $P(-2.58 \le Z \le 2.58) = 0.99$를 이용하면 모평균 m의 신뢰도 99%인 신뢰구간은

$$\left[\overline{X} - 2.58\frac{\sigma}{\sqrt{n}},\ \overline{X} + 2.58\frac{\sigma}{\sqrt{n}}\right]$$

임을 알 수 있다.

이상을 정리하면 다음과 같다.

■ **모평균의 신뢰구간**

모집단에서 크기 n인 표본을 임의추출할 때 그 표본평균을 $\overline{X}$라 하면

(1) 95%의 신뢰구간 $\left[\overline{X}-1.96\frac{\sigma}{\sqrt{n}},\ \overline{X}+1.96\frac{\sigma}{\sqrt{n}}\right]$

(2) 99%의 신뢰구간 $\left[\overline{X}-2.58\frac{\sigma}{\sqrt{n}},\ \overline{X}+2.58\frac{\sigma}{\sqrt{n}}\right]$

주 i) 위의 모평균 m의 신뢰구간을 각각 다음과 같이 쓰기도 한다.

$$\overline{X}-1.96\frac{\sigma}{\sqrt{n}} \le m \le \overline{X}+1.96\frac{\sigma}{\sqrt{n}}$$

$$\overline{X}-2.58\frac{\sigma}{\sqrt{n}} \le m \le \overline{X}+2.58\frac{\sigma}{\sqrt{n}}$$

ii) 모표준편차 σ를 모를 때에는 표본의 크기가 크면 σ 대신 표본에서 얻은 표본표준편차 s를 사용한다. ■

예제 8.6-2

표준편차가 1인 정규분포를 따르는 모집단에 대한 모평균의 신뢰구간을 구하려고 한다. 신뢰구간의 길이를 2로 하려면 표본의 크기가 4이어야 할 때, 신뢰구간의 길이를 0.5로 하려면 표본의 크기가 n이다. 이때, n의 값을 구하여라.

풀이 신뢰도 α%의 신뢰구간을

$$\left[\overline{X}-h\cdot\frac{\sigma}{\sqrt{n}},\ \overline{X}+h\cdot\frac{\sigma}{\sqrt{n}}\right]$$

라고 하면 신뢰구간의 길이는

$$\left(\overline{X}+h\cdot\frac{\sigma}{\sqrt{n}}\right)-\left(\overline{X}-h\cdot\frac{\sigma}{\sqrt{n}}\right)=\frac{2h\sigma}{\sqrt{n}}$$

이다. 조건에서 표본의 크기가 4일 때, 신뢰구간의 길이가 2이므로 $2h\cdot\frac{1}{\sqrt{4}}=2$

로부터 $h=2$.

그러므로 크기가 n일 때, 신뢰구간의 길이가 0.5이므로

$$2\times2\times\frac{1}{\sqrt{n}}=0.5.$$

따라서, $\sqrt{n}=8$에서 $n=64$이다. ■

모집단 중에 성질 A를 가진 것의 비율을 **모비율**이라 하고, 이 모집단에서 크기 n의 표본을 추출할 때 이 표본 중에 성질 A를 가진 것의 비율을 **표본비율**이라 한다.

표본비율을 알고 모비율을 추정하는 공식은 다음과 같다.

■ 모비율의 추정과 신뢰도

모집단에서 크기 n의 표본을 임의로 추출할 때, 표본비율을 $\bar{p}$라 하면, n이 충분히 클 때, 모비율 p는 다음 범위에 있다.

95%의 신뢰도에서

$$\bar{p}-1.96\sqrt{\frac{\bar{p}(1-\bar{p})}{n}} \le p \le \bar{p}+1.96\sqrt{\frac{\bar{p}(1-\bar{p})}{n}}$$

99%의 신뢰도로서

$$\bar{p}-2.58\sqrt{\frac{\bar{p}(1-\bar{p})}{n}} \le p \le \bar{p}+2.58\sqrt{\frac{\bar{p}(1-\bar{p})}{n}}$$

예제 8.6-3

어떤 선거구의 유권자 중에서 100명을 임의로 추출하여 조사하였더니 입후보자 A에 대한 지지자가 40명이었다. 이 선거구 유권자의 A에 대한 지지율에 대하여 신뢰도 95%인 신뢰구간을 구하여라.

풀이 표본비율을 $\bar{p}$라 하면 $\bar{p}=0.4$이므로, 모비율을 p라 하면

$$0.4-1.96\sqrt{\frac{0.4\times0.6}{100}} \le p \le 0.4+1.96\sqrt{\frac{0.4\times0.6}{100}}$$

(95% 신뢰도 범위)

그러므로

$$0.4-1.96\times0.049 \le p \le 0.4+1.96\times0.049$$

따라서 $0.304 \le p \le 0.496$ 또는 $[0.304,\ 0.496]$이다. ■

■ 가설의 검정

모집단의 분포에 대하여 어떤 예상을 세울 때, 이 예상을 **가설**이라 하고, 이 모집단에서 추출된 표본에서 얻는 결과를 가지고 가설의 진위를 확률로 판정하는 방법을 **가설의 검정**이라 한다. 가설의 검정에서 가설을 기각하는 기준으로 정한 확률 p%를 **유의수준**이라 한다. 또, 가설이 옳은데도 불구하고 옳지 않다고 오판할 확률도 p%이므로 유의수준을 위험률이라고도 한다.

유의수준은 보통 1%, 5% 등이 쓰인다.

■ 가설의 검정방법

(1) 모집단의 성질에 대하여 어떤 가설을 세운다.

(2) 모집단에서 임의의 표본을 추출하고, (1)에서 세운 가설 아래에서 이 표본에 대해 어떤 사건이 일어날 확률을 계산한다.

(3) 위에서 계산한 확률이 유의수준 p% 이하일 때에는 (1)에서 세운 가설은 옳지 않다고 판정한다. 이것을 **가설의 기각**이라 한다.

예제 8.6-4

한 개의 주사위를 두 번 던져서 두 번 모두 1의 눈이 나왔다고 할 때, 이 주사위는 1의 눈이 많이 나온다고 말할 수 있는가? 유의수준 5%, 1%로 검정하여라.

풀이 곧, H : 주사위의 1의 눈이 나올 확률은 $\frac{1}{6}$이다.

이 가설 아래에서 두 번 모두 1의 눈이 나올 확률을 p라 하면,

$$p = \frac{1}{6} \times \frac{1}{6} = \frac{1}{36} \fallingdotseq 0.028 \text{이다.}$$

(i) $p = 0.028 < 0.05$이므로 가설 H는 기각한다. 곧, 가설은 옳지 않으므로 1의 눈이 많이 나온다고 볼 수 없다.

(ii) $p = 0.028 > 0.01$이므로 가설 H는 기각할 수 없다. 곧, 가설은 옳으므로 1의 눈이 많이 나온다고 볼 수 있다. ■

■ **모평균 m의 검정**

예를 들어 정규분포 $N(500,\ 10^2)$을 따르는 모집단에서 크기 25인 표본을 임의로 추출할 때, 그 표본평균이 506이었다면 이것은 '드문 일'인가 아닌가에 대하여 유의수준 5%로 검정해 보기로 하자.

표본평균 $\overline{X}$의 분포는 정규분포

$$N\left(500,\ \frac{10^2}{25}\right) \text{ 곧, } N(500,\ 2^2)$$

을 따르므로 $\overline{X}$를

$$Z = \frac{\overline{X} - m}{\sigma}$$

에 의하여 표준화하면

$$Z = \frac{506 - 500}{2} = 3$$

임을 알 수 있다.

한편, 표준정규분포표에 의하면

$$P(-1.96 \le Z \le 1.96) = 0.95 = 95\%$$

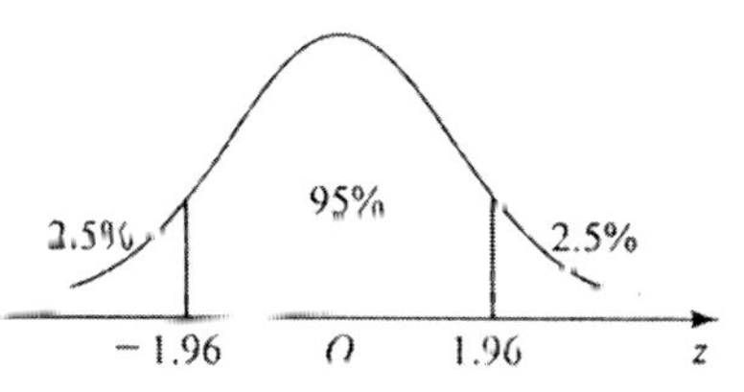

그림 8-23

이고, 이 식을 변형하면

$$P(|Z| \le 1.96) = 95\%, \quad \therefore\ P(|Z| \ge 1.96) = 5\%$$

이므로 $|Z| \le 1.96$이면 $\overline{X}$는 신뢰도 95%인 신뢰구간에 속하게 되어 '드문 일'이 아니고, $|Z| \ge 1.96$이면 $\overline{X}$가 너무 크거나 너무 작은 경우로서 위험률 5%로서 '드문 일'이라 할 수 있다. 그런데 위의 예의 경우는 $Z = 3 \ge 1.96$이므로 표본평균 506은

'드문 일'로 판정된다.

곧, 모집단이 정규분포 $N(500,\ 10^2)$을 따를 때에는 크기 25인 표본의 표본평균이 506이 되는 일이 없고, 이와 같은 주장이 오류를 범할 확률은 5%라는 것이다.

이것은 '모평균을 500'이라고 가설할 때 $|Z| \geq 1.96$이면 가설이 기각되는 예로서 $|Z| \geq 1.96$을 만족하는 영역을 유의수준 5%인 기각역이라 한다.

위의 예는 표본평균 $\overline{X}$가 평균 500 보다 너무 크거나 너무 작으면 '드문 일'로 판단되므로 기각역이 양쪽에 주어진다. 이와같이 기각역이 양쪽에 있는 검정을 **양측검정**이라 한다. 이에 대하여 기각역이 한쪽으로만 주어지는 검정을 **단측검정**이라 한다. 여기에서는 양측검정만 다룬다.

■ 모평균 m의 검정방법

모집단에서 충분히 큰 임의의 표본을 추출했을 때, 표본의 크기를 n, 표본평균을 $\overline{X}$, 표본표준편차(또는 모표준편차)를 σ라 하자.

이때 모평균 m의 검정 요령은 다음과 같다.

(1) 다음 가설을 세운다.

H : '모집단의 평균은 m이다.'

(2) $Z=\dfrac{\overline{X}-m}{\dfrac{\sigma}{\sqrt{n}}}$의 값을 구하여

$|Z| \geq 1.96$이면 유의수준 5%로 가설을 기각한다.

$|Z| \geq 2.58$이면 유의수준 1%로 가설을 기각한다.

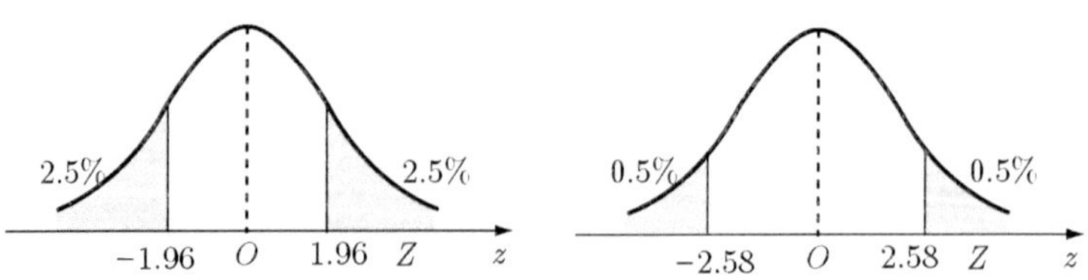

그림 8-24

예제 8.6-5

어떤 통조림 공장에서는 평균 무게 500g, 표준편차 10g으로 통조림을 생산하고 있다. 어느 날 생산된 통조림 100개를 임의 추출하여 무게를 조사한 결과 평균 502g이었다고 한다. 이날 생산된 통조림의 무게는 규격조건을 만족하고 있다고 볼 수 있는가? 유의수준 5%로 검정하여라.

풀이 규격의 조건을 만족하는가의 여부에 관심이 있으므로, 무게의 평균을 m이라 하면, 알고자 하는 것은 $m=500$인가, $m \neq 500$인가이다. 따라서 가설을 H : $m=500$으로 세운다. 문제의 조건에서 $m=500$, $n=100$, $\overline{X}=502$이므로

$$|Z|=\left|\frac{\overline{X}-m}{\sigma/\sqrt{n}}\right|=\left|\frac{502-500}{100/\sqrt{100}}\right|=2>1.96$$

따라서 가설을 기각한다. 곧, 규격조건을 만족한다고 볼 수 없다.(유의수준 1%로 검정하면, $|Z|=2<2.58$이므로 가설을 기각할 수 없다. 따라서, 유의수준 1%로 검정하면 규격조건을 만족한다고 볼 수 있다.) ■

연습문제 8.6

Exercises

1. 정규분포 $N(50,\ 10^2)$을 따르는 모집단에서 크기 16인 표본을 추출하고 그 표본평균을 $\overline{X}$라고 할 때, 확률 $P(\overline{X} \geq 45)$를 구하여라.

2. 어느 공장에서 생산되는 기계의 무게는 평균 5200g, 표준편차 400g인 정규분포를 따른다고 한다. 이 기계 중에서 임의로 100개를 추출하고 그 표본평균을 $\overline{X}$라고 할 때, 확률 $P(5100 \leq \overline{X} \leq 5250)$을 구하여라.

3. 수험생 10000명의 득점은 평균 65점, 표준편차 15점인 정규분포를 따른다고 한다. 이들 중에서 100명을 임의추출하여 득점을 조사하였더니 이들의 평균은 $\overline{X}$이었다. 이 때, 확률 $P(62 \leq \overline{X} \leq 66.5)$를 구하여라.

4. 평균이 m, 분산이 σ^2인 정규분포를 따르는 모집단에서 크기 n인 표본을 복원추출한 표본평균을 $\overline{X}$라고 할 때, $E(\overline{X}^2)$을 구하여라.

5. 어느 초등학교 3학년 학생 100명을 임의추출하여 키를 재었더니 평균은 135.2cm, 표준편차는 5.5cm이었다. 이 초등학교 3학년 학생의 키의 평균을 신뢰도 95%로 추정하여라.

6. 어느 공장에서 생산되는 볼트의 무게는 표준편차가 2.3g인 정규분포를 따른다고 한다. 이때, 다음 물음에 답하여라.
   (1) 볼트 400개를 임의추출하여 무게를 조사하였더니 이들의 평균이 45.2g이었다. 이들 무게의 평균을 신뢰도 95%로 추정하여라.
   (2) (1)에서 신뢰구간의 길이를 0.3g 이하가 되게 하려면 표본의 크기를 얼마로 하면 되는지 구하여라.

7. 정규분포 $N(4,\ 0.2^2)$을 이루는 모집단에서 크기 100의 임의 표본을 복원추출할 때, 표본평균 $\overline{X}$에 대한 신뢰도 95%인 신뢰구간을 구하여라.

부록

A. 표준정규분포표

B. 제곱근·세제곱근·역수·로그의 표

A. 표준정규분포표

$$P(0 \le Z \le z) = \int_0^z \frac{1}{\sqrt{2\pi}} e^{-\frac{x^2}{2}} dx$$

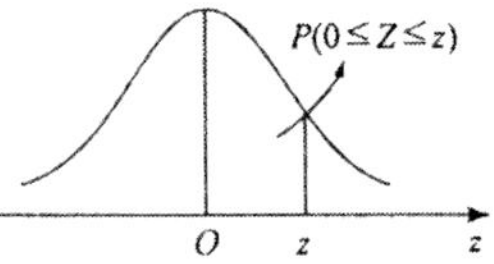

z	0.00	0.01	0.02	0.03	0.04	0.05	0.06	0.07	0.08	0.09
0.0	0.0000	0.0040	0.0080	0.0120	0.0160	0.0199	0.0239	0.0279	0.0319	0.0359
0.1	0.0398	0.0438	0.0478	0.0517	0.0557	0.0596	0.0636	0.0675	0.0714	0.0753
0.2	0.0793	0.0832	0.0871	0.0910	0.0948	0.0987	0.1026	0.1064	0.1103	0.1141
0.3	0.1179	0.1217	0.1255	0.1293	0.1331	0.1368	0.1406	0.1443	0.1480	0.1517
0.4	0.1554	0.1591	0.1628	0.1664	0.1700	0.1736	0.1772	0.1808	0.1844	0.1879
0.5	0.1915	0.1950	0.1985	0.2019	0.2054	0.2088	0.2123	0.2157	0.2190	0.2224
0.6	0.2257	0.2291	0.2324	0.2357	0.2389	0.2422	0.2454	0.2486	0.2517	0.2549
0.7	0.2580	0.2611	0.2642	0.2673	0.2704	0.2734	0.2764	0.2794	0.2823	0.2852
0.8	0.2881	0.2910	0.2939	0.2967	0.2995	0.3023	0.3051	0.3078	0.3106	0.3133
0.9	0.3159	0.3186	0.3212	0.3238	0.3264	0.3289	0.3315	0.3340	0.3365	0.3389
1.0	0.3413	0.3438	0.3461	0.3485	0.3508	0.3531	0.3554	0.3577	0.3599	0.3621
1.1	0.3643	0.3665	0.3686	0.3708	0.3729	0.3749	0.3770	0.3790	0.3810	0.3830
1.2	0.3849	0.3869	0.3888	0.3907	0.3925	0.3944	0.3962	0.3980	0.3997	0.4015
1.3	0.4032	0.4049	0.4066	0.4082	0.4099	0.4115	0.4131	0.4147	0.4162	0.4177
1.4	0.4192	0.4207	0.4222	0.4236	0.4251	0.4265	0.4279	0.4292	0.4306	0.4319
1.5	0.4332	0.4345	0.4357	0.4370	0.4382	0.4394	0.4406	0.4418	0.4429	0.4441
1.6	0.4452	0.4463	0.4474	0.4484	0.4495	0.4505	0.4515	0.4525	0.4535	0.4545
1.7	0.4554	0.4564	0.4573	0.4582	0.4591	0.4599	0.4608	0.4616	0.4625	0.4633
1.8	0.4641	0.4649	0.4656	0.4664	0.4671	0.4678	0.4686	0.4693	0.4699	0.4706
1.9	0.4713	0.4719	0.4726	0.4732	0.4738	0.4744	0.4750	0.4756	0.4761	0.4767
2.0	0.4772	0.4778	0.4783	0.4788	0.4793	0.4798	0.4803	0.4808	0.4812	0.4817
2.1	0.4821	0.4826	0.4830	0.4834	0.4838	0.4842	0.4846	0.4850	0.4854	0.4857
2.2	0.4861	0.4864	0.4868	0.4871	0.4875	0.4878	0.4881	0.4884	0.4887	0.4890
2.3	0.4893	0.4896	0.4898	0.4901	0.4904	0.4906	0.4909	0.4911	0.4913	0.4916
2.4	0.4918	0.4920	0.4922	0.4925	0.4927	0.4929	0.4931	0.4932	0.4934	0.4936
2.5	0.4938	0.4940	0.4941	0.4943	0.4945	0.4946	0.4948	0.4949	0.4951	0.4952
2.6	0.4953	0.4955	0.4956	0.4957	0.4959	0.4960	0.4961	0.4962	0.4963	0.4964
2.7	0.4965	0.4966	0.4967	0.4968	0.4969	0.4970	0.4971	0.4972	0.4973	0.4974
2.8	0.4974	0.4975	0.4976	0.4977	0.4977	0.4978	0.4979	0.4979	0.4980	0.4981
2.9	0.4981	0.4982	0.4982	0.4983	0.4984	0.4984	0.4985	0.4985	0.4986	0.4986
3.0	0.4987	0.4987	0.4987	0.4988	0.4988	0.4989	0.4989	0.4989	0.4990	0.4990
3.1	0.4990	0.4991	0.4991	0.4991	0.4992	0.4992	0.4992	0.4992	0.4993	0.4993

B. 제곱근 · 세제곱근 · 역수 · 로그의 표

n	$\sqrt{n}$	$\sqrt{10n}$	$\sqrt[3]{n}$	$\frac{1}{n}$	$\log n$	n	$\sqrt{n}$	$\sqrt{10n}$	$\sqrt[3]{n}$	$\frac{1}{n}$	$\log n$
1	1.0000	3.1623	1.0000	1.000000	0.0000	51	7.1414	22.5832	3.7084	0.01961	1.7076
2	1.4142	4.4721	1.2599	0.50000	0.3010	52	7.2111	22.8035	3.7325	0.01923	1.7160
3	1.7321	5.4772	1.4422	0.33333	0.4771	53	7.2801	23.0217	3.7563	0.01887	1.7243
4	2.0000	6.3246	1.5874	0.25000	0.6021	54	7.3485	23.2379	3.7798	0.01852	1.7324
5	2.2361	7.0711	1.7100	0.20000	0.6990	55	7.4162	23.4521	3.8030	0.01818	1.7404
6	2.4495	7.7460	1.8171	0.16667	0.7782	56	7.4833	23.6643	3.8259	0.01786	1.7482
7	2.6458	8.3666	1.9129	0.14286	0.8451	57	7.5498	23.8747	3.8485	0.01754	1.7559
8	2.8284	8.9443	2.0000	0.12500	0.9031	58	7.6158	24.0832	3.8709	0.01724	1.7634
9	3.0000	9.4868	2.0801	0.11111	0.9542	59	7.6811	24.2899	3.8930	0.01695	1.7709
10	3.1623	10.0000	2.1544	0.10000	1.0000	60	7.7460	24.4949	3.9149	0.01667	1.7782
11	3.3166	10.4881	2.2240	0.09091	1.0414	61	7.8102	24.6982	3.9365	0.01639	1.7853
12	3.4641	10.9545	2.2894	0.08333	1.0792	62	7.8740	24.8998	3.9579	0.01613	1.7924
13	3.6056	11.4018	2.3513	0.07692	1.1139	63	7.9373	25.0998	3.9791	0.01587	1.7993
14	3.7417	11.8322	2.4101	0.07143	1.1461	64	8.0000	25.2982	4.0000	0.01563	1.8062
15	3.8730	12.2474	2.4662	0.06667	1.1761	65	8.0623	25.4951	4.0207	0.01538	1.8129
16	4.0000	12.6491	2.5198	0.06250	1.2041	66	8.1240	25.6905	4.0412	0.01515	1.8195
17	4.1231	13.0384	2.5713	0.05882	1.2304	67	8.1854	25.8844	4.0615	0.01493	1.8261
18	4.2426	13.4164	2.6207	0.05556	1.2553	68	8.2462	26.0768	4.0817	0.01471	1.8325
19	4.3589	13.7840	2.6684	0.05263	1.2788	69	8.3066	26.2679	4.1016	0.01449	1.8388
20	4.4721	14.1421	2.7144	0.05000	1.3010	70	8.3666	26.4575	4.1213	0.01429	1.8451
21	4.5826	14.4914	2.7589	0.04762	1.3222	71	8.4261	26.6458	4.1408	0.01408	1.8513
22	4.6904	14.8324	2.8020	0.04545	1.3424	72	8.4853	26.8328	4.1602	0.01389	1.8573
23	4.7958	5.1658	2.8439	0.04348	1.3617	73	8.5440	27.0185	4.1793	0.01370	1.8633
24	4.8990	15.4919	2.8845	0.04167	1.3802	74	8.6023	27.2029	4.1983	0.01351	1.8692
25	5.0000	15.8114	2.9240	0.04000	1.3979	75	8.6603	27.3861	4.2172	0.01333	1.8751
26	5.0990	16.1245	2.9625	0.03846	1.4150	76	8.7178	27.5681	4.2358	0.01316	1.8808
27	5.1962	16.4317	3.0000	0.03703	1.4472	77	8.7550	27.7489	4.2543	0.01299	1.8865
28	5.2915	16.7332	3.0366	0.03571	1.4422	78	8.8318	27.9285	4.2727	0.01282	1.8921
29	5.3852	17.0294	3.0723	0.03448	1.4624	79	8.8882	28.1069	4.2908	0.01266	1.8976
30	5.4772	17.3205	3.1072	0.03333	1.4771	80	8.9443	28.2843	4.3089	0.01250	1.9031
31	5.5678	17.6068	3.1414	0.03226	1.4914	81	9.0000	28.4605	4.3267	0.01235	1.9085
32	5.6569	17.8885	3.1748	0.03125	1.5051	82	9.0554	28.6356	4.3445	0.01220	1.9138
33	5.7446	18.1659	3.2075	0.03030	1.5185	83	9.1104	28.8097	4.3621	0.01205	1.9191
34	5.8310	18.4391	3.2396	0.02941	1.5315	84	9.1652	28.9828	4.3795	0.01190	1.9243
35	5.9151	18.7083	3.2711	0.02857	1.5441	85	9.2195	29.1548	4.3968	0.01176	1.9294
36	6.0000	18.9737	3.3019	0.02778	1.5563	86	9.2736	29.3258	4.4140	0.01163	1.9345
37	6.0828	19.2354	3.3322	0.02703	1.5682	87	9.3274	29.4958	4.4310	0.01149	1.9395
38	6.1644	19.4936	3.3620	0.02632	1.5798	88	9.3808	29.6648	4.4480	0.01136	1.9445
39	6.2450	19.7484	3.3912	0.02564	1.5911	89	9.4340	29.8329	4.4647	0.01124	1.9494
40	6.3246	20.0000	3.4200	0.02500	1.6021	90	9.4868	30.0000	4.4814	0.01111	1.9542
41	6.4031	20.2485	3.4482	0.02439	1.6128	91	9.5394	30.1662	4.4979	0.01099	1.9590
42	6.4807	20.4939	3.4760	0.02381	1.6232	92	9.5917	30.3315	4.5144	0.01087	1.9638
43	6.5574	20.7364	3.5034	0.02326	1.6335	93	9.6437	30.4959	4.5307	0.01075	1.9685
44	6.6332	20.9762	3.5303	0.02273	1.6435	94	9.6954	30.6594	4.5468	0.01064	1.9731
45	6.7082	21.2132	3.5569	0.02222	1.6532	95	9.7468	30.8221	4.5629	0.01053	1.9777
46	6.7823	21.4476	3.5830	0.02174	1.6628	96	9.7980	30.9839	4.5789	0.01042	1.9823
47	6.8557	21.6795	3.6088	0.02128	1.6721	97	9.8489	31.1448	4.5947	0.01031	1.9868
48	6.9282	21.9089	3.6342	0.02083	1.6812	98	9.8995	31.3050	4.6104	0.01020	1.9912
49	7.0000	22.1359	3.6593	0.02041	1.6902	99	9.9499	31.4643	4.6261	0.01010	1.9956
50	7.0711	22.3607	3.6840	0.02000	1.6990	100	10.0000	31.6228	4.6416	0.01000	2.0000

해답

연습문제 풀이

1. 연습문제

1. $x = 15$

2. $x = 15$

3. 소금의 양은 같으므로

$240 \times \frac{5}{100} = (240 + x) \times \frac{3}{100} \quad \therefore\ x = 160(\text{g})$

4. 시간 $= \frac{\text{거리}}{\text{속도}}$, 구하려는 거리를 $x$km라고 하자.

$\frac{x}{10} = \frac{1}{3} + \frac{x}{15} + \frac{1}{6} \quad \therefore\ x = 15(\text{km})$

5. (1) x의 범위를 i) $x \le 1$, ii) $1 < x \le 2$, iii) $2 \le x$의 세 경우로 나누어 풀이한다.

(답) $x = 0$ 또는 6

(2) i) $1 \le x < 2$인 경우 $[x] = 1$이다.

$\therefore\ 4x - [x] = 3$은 $4x - 1 = 3 \quad \therefore\ x = 1$이고

이는 조건에 맞으므로 해가 된다.

ii) $2 \le x < 3$인 경우 $[x] = 2$이고,

이 때 $x = \frac{5}{4}$이다. 이는 조건에 맞지 않아 해가 되지 않는다.

6. (1) $-\frac{4}{3} < x < 2$

(2) $1 < x$

7. i) $x \ge 0$인 경우

$x^2 - 4x + 3 > 0$, $(x-1)(x-3) > 0$ $\therefore x < 1$ 또는 $3 < x$

$\therefore$ 조건에 맞는 해는 $0 \le x < 1$ 또는 $3 < x$

ii) $x < 0$인 경우

$x^2 + 4x + 3 > 0$, $(x+1)(x+3) > 0$ $\therefore x < -3$ 또는 $-1 < x$

$\therefore$ 조건에 맞는 해는 $x < -3$ 또는 $-1 < x < 0$이다.

경우 i), ii)를 합하면 주어진 부등식의 해는

$-1 < x < 1$ 또는 $3 < x$ 또는 $x < -3$이다.

8. (−3, 1), (−6, 2), (−7, 2), (−11, 3)

9. 떡 : x덩이, 집 : y곳이라고 하자.

$\therefore 3y + 37 = x$ ①

$1 \le x - 5(y-1) < 5$ ②

①을 ②에 대입하면

$1 \le (3y+37) - 5(y-1) < 5$

$\therefore 1 \le -2y + 42 < 5$

$\therefore \frac{37}{2} < y \le \frac{41}{2}$

$\therefore 18.5 < y \le 20.5$ 이 때, y는 자연수이므로 $y = 19$ 또는 20

따라서, 떡은 94($=x$) 덩이를 19 집에 나누어 주거나, 97덩이를 20집에 나누어 준 것이다.

10. $12 - 2x > 6$ $\therefore x < 3$ 이 때, x는 양수이므로 $0 < x < 3$

2. 연습문제

1. 원래의 정사각형의 토지의 가로, 세로의 길이를 x라 하면 처음 넓이는 x^2, 도로를 제외한 부분의 넓이는 $(x-5)(x-3)$이고 문제의 조건으로부터 $(x-5)(x-3)=\frac{3}{4}x^2$

$\therefore\ x^2-32x+60=0 \quad \therefore\ x=2,\ x=30$ 그런데 원래의 정사각형의 한 변의 길이는 5보다 커야하므로 $x=30$이고, 따라서 처음의 넓이는 $x^2=30^2=900\text{m}^2$이다.

2. i) $k=2$ 일 때, $x=-1$(중근)
ii) $k=6$ 일 때, $x=-3$(중근)

3. i) $x+1\geq 0$ 일 때, $x=0$ 또는 $x=-1$
ii) $x+1<0$ 일 때, $x=-1$ 또는 $x=2$(주어진 조건에서는 모두 해가 안 됨)

4. $kx^2+4x+k-3=0$이 중근을 가질 때이므로 $D=0$로 놓아, $k=4,\ -1$
$\therefore$ 구하려는 값은 $4+(-1)=3$

5. $a,\ c$가 서로 다른 부호이면, $ac<0,\ D=b^2-4ac>0$
($\because\ b^2\geq 0,\ ac<0$) 따라서 서로 다른 두 실근을 갖는다.

6. ①의 해는 $x\leq\frac{1}{2}$ 또는 $x\geq\frac{3}{2}$이고, ②의 해는 $-1<x<4$이다. 이 두 식을 공통으로 만족시키는 공통범위는 $-1<x\leq\frac{1}{2}$ 또는 $\frac{3}{2}\leq x<4$이다.

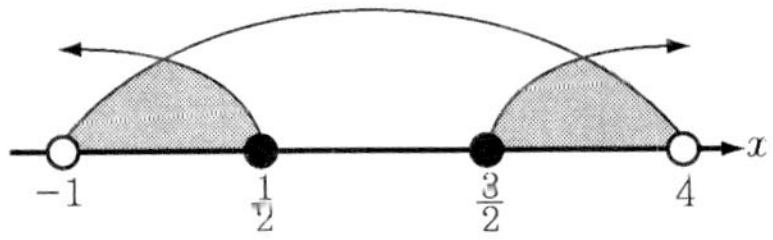

그림

7. ①의 해는 $1\leq x\leq 4$, ②는 $(x+k)(x-3)>0$로부터 $x>3$ 또는 $x<-k$이다. 주어진 조건에 맞는 k의 범위는 $k\geq -1$이다.

3. 연습문제

1. (1) $x=-1$ 또는 $x=\dfrac{1\pm\sqrt{3}i}{2}$

   (2) $x=\dfrac{1}{3}$ 또는 $x=\dfrac{-1\pm\sqrt{3}i}{6}$

   (3) $x=2$ 또는 $x=-1\pm\sqrt{3}i$

   (4) $x=1$ 또는 $x=\dfrac{-1\pm\sqrt{3}i}{2}$

2. (1) $x=\pm 2$ 또는 $x=\pm 3$

   (2) $x=\pm\sqrt{5}i$ 또는 $x=\pm\sqrt{3}$

   (3) $x=\pm\sqrt{3}$ 또는 $x=\pm\sqrt{3}i$

   (4) $x=\pm 2$ 또는 $x=\pm\sqrt{2}i$

3. (1) $(x+1)(x^2+2x-2)=0$ $\therefore$ $x=-1$ 또는 $x=-1\pm\sqrt{3}$

   (2) $(x-1)(x-2)(x-5)=0$ $\therefore$ $x=1$ 또는 $x=2$ 또는 $x=5$

   (3) $(x-1)(x+2)^2(x-3)=0$ $\therefore$ $x=1$ 또는 $x=-2$(중근) 또는 $x=3$

   (4) $(x-1)^3(x+4)=0$ $\therefore$ $x=1$(삼중근) 또는 $x=-4$

4. 연습문제

1. $AB=\begin{pmatrix}15 & 15\\ 4 & 12\end{pmatrix}$

2. $XY^t=(2\ \ -1\ \ 3\ \ 5)\begin{pmatrix}3\\ -1\\ 2\\ 1\end{pmatrix}=(6+1+6+5)=(18)$

3. 0

4. $\begin{vmatrix}a_{11} & 0 & 0 & 0\\ a_{21} & a_{22} & 0 & 0\\ a_{31} & a_{32} & a_{33} & 0\\ a_{41} & a_{42} & a_{43} & a_{44}\end{vmatrix}=a_{11}\begin{vmatrix}a_{22} & 0 & 0\\ a_{32} & a_{33} & 0\\ a_{42} & a_{43} & a_{44}\end{vmatrix}=a_{11}a_{22}\begin{vmatrix}a_{33} & 0\\ a_{43} & a_{44}\end{vmatrix}=a_{11}a_{22}a_{33}a_{44}$

5. (1) $x=1,\ y=2,\ z=3$
(2) $x=-2,\ y=0,\ z=1$

6. (1) $A^{-1}=\frac{1}{26}\begin{pmatrix}7 & 1\\ -5 & 3\end{pmatrix}$ $\therefore \begin{pmatrix}x\\ y\end{pmatrix}=A^{-1}\begin{pmatrix}11\\ 1\end{pmatrix}=\begin{pmatrix}3\\ -2\end{pmatrix}$ 곧 $x=3,\ y=-2$
(2) $\begin{pmatrix}x\\ y\end{pmatrix}=\begin{pmatrix}3 & 5\\ -1 & 2\end{pmatrix}\begin{pmatrix}1\\ 0\end{pmatrix}=\begin{pmatrix}3\\ -1\end{pmatrix}$

7. $$\Gamma=\frac{1}{5}\begin{pmatrix}3 & -1\\ -1 & 2\end{pmatrix}\begin{pmatrix}25 & 20 & 52 & 40 & 54 & 55 & 29\\ 35 & 55 & 76 & 40 & 37 & 30 & 77\end{pmatrix}$$
$$=\frac{1}{5}\begin{pmatrix}40 & 5 & 80 & 80 & 125 & 135 & 10\\ 45 & 90 & 100 & 40 & 20 & 5 & 125\end{pmatrix}$$
$$=\begin{pmatrix}8 & 1 & 16 & 16 & 25 & 27 & 2\\ 9 & 18 & 20 & 8 & 4 & 1 & 25\end{pmatrix}$$
판독분 : HAPPY BIRTHDAY

5. 연습문제

1. (1) $a-a=0$이고, $m\cdot 0=0$이므로 $m|0$이다. $\therefore\ a\equiv a(\mathrm{mod}\ m)$
(2) $a\equiv b(\mathrm{mod}\ m)$이면 $m|(a-b)$이다. 또, $m|-(b-a)\Leftrightarrow m|(b-a)$
$\therefore\ b\equiv a(\mathrm{mod}\ m)$
(3) $a\equiv b(\mathrm{mod}\ m)$이면 $m|(a-b)$이고, $b\equiv c(\mathrm{mod}\ m)$이면 $m|(b-c)$이다.
$\therefore\ m|(a-b)+(b-c)=a-c\quad \therefore\ a\equiv c(\mathrm{mod}\ m)$
(4) $a\equiv b(\mathrm{mod}\ m)$이면 $m|(a-b)$이고, $c\equiv d(\mathrm{mod}\ m)$이면, $m|(c-d)$이다.
$\therefore\ m|(a-b)+(c-d)=(a+c)-(b+d)\quad \therefore\ a+c=b+d(\mathrm{mod}\ m)$이다.
또 m의 배수인 $(a-b)$와 $(c-d)$의 일차결합도 역시 m의 배수이므로 적당한 정수 c, d에 대하여 $(a-b)c+(c-d)b=ac-bd$도 m의 배수이다. 즉, $m|(ac-bd)$
$\therefore\ ac\equiv bd(\mathrm{mod}\ m)$
(5) $a\equiv b(\mathrm{mod}\ m)$이면 $m|(a-b)$이다. 정수 c에 대하여, $(a-b)c$도 m의 배수이므로 $m|(a-b)c\quad \therefore\ m|ac-bc$. 즉, $ac\equiv bc(\mathrm{mod}\ m)$이다.

2. $2^4=16\equiv 3(\mathrm{mod}\ 13)\quad \therefore\ 2^4\cdot 2^4\equiv 3\cdot 3(\mathrm{mod}\ 13)$ (기본성질 6)
$\therefore\ 2^8\equiv 9(\mathrm{mod}\ 13)$. 같은 방법을 계속하면 $2^8\cdot 2^8\equiv 9\times 9\equiv 81\equiv 3(\mathrm{mod}\ 13)$

$\therefore\ 2^{24} \equiv 2^8 \cdot 2^{16} \equiv 9\times 3 \equiv 1 \pmod{13}$ $\therefore\ 13 | (2^{24}-1)$이다.

3. (1) $5 | (16-6)=10$ ∴ 참

(2) $11 \nmid (33-7)=26$ ∴ 거짓

(3) $k | (k^2-k)=k(k-1)$ ∴ 참

(4) $2 | (a-(-a))=2a$ ∴ 참

4. (1) $m | (5-1)=4$ ∴ m은 2보다 큰 4의 약수 : 2, 4

(2) $m | (22-2)=20$ ∴ m : 2, 4, 5, 10, 20

(3) $m | p^3$ ∴ $m : p,\ p^2,\ p^3$

5. $6^2=36 \equiv 1 \pmod 7$ ∴ $(6^2)^{50} \equiv 1^{50} \pmod 7$ ∴ $6^{100} \equiv 1 \pmod 7$

즉, $7 | (6^{100}-1)$이므로 ∴ 6^{100}을 7로 나눈 나머지는 1이다.

6. (1) 1+2+3+1+2+3=12 ∴ $3 | 12,\ 9 \nmid 12$

∴ 3의 배수이나 9의 배수는 아니다.

(2) 3+1+4+2+1+2+4=17 ∴ $3 \nmid 17,\ 9 \nmid 17$

∴ 3의 배수도 9의 배수도 아니다.

(3) 3+1+2+3+5+1+2+2=19 ∴ $3 \nmid 19,\ 9 \nmid 19$

∴ 3의 배수도 9의 배수도 아니다.

(4) 3+1+2+6+1+1+4=18 ∴ $3 | 18,\ 9 | 18$

∴ 3과 9의 배수이다.

7. (1) −1+0−7+6−3+7−3+2=1 ∴ $11 \nmid 1$

∴ 11의 배수가 아니다.

(2) −9+7−4+3−1+0−9+7−6+3−7+5=−11

∴ $11 | (-11)$

∴ 11의 배수이다.

(3) −1+0−8+6−3+2−0+0−1+5=0 ∴ $11 | 0$

∴ 11의 배수이다.

(4) −6+2−1+4−1+0−5+9=2 ∴ $11 \nmid 2$

∴ 11의 배수가 아니다.

8. (1), (4)

9. (1) 1

(2) □의 수를 a라고 하면,

$a+2\times2+3\times6+4\times1+5\times0+6\times5+7\times0+8\times7+9\times9\equiv10 \pmod{11}$

$\therefore\ a+193\equiv10 \pmod{11}$ (*)

그런데 $193\equiv6 \pmod{11}$이므로 식 (*)은

$a+6\equiv10 \pmod{11}$과 같고

따라서 $a\equiv4 \pmod{11}$이다.

$\therefore$ 구하려는 $a=4$이다.

6. 연습문제 6.1

1. (1) $\frac{2}{3}\pi$ (2) $\frac{5}{6}\pi$ (3) $-\frac{1}{4}\pi$ (4) $30°$ (5) $-45°$

(6) $120°$ (7) $\frac{1}{6}\pi$ (8) $-\pi$ (9) $\frac{9}{4}\pi$ (10) $150°$

(11) $90°$ (12) $-240°$

2. $l=r\theta$에서 $\pi a=3a\theta$ $\therefore\ \theta=\frac{\pi}{3}$

3. 부채꼴의 호의 길이를 l이라 하면, $8+l=4\pi$ $\therefore\ l=4(\pi-2)$

$\therefore$ 구하려는 면적 $S=\frac{1}{2}rl=\frac{1}{2}\times4\times4(\pi-2)=8(\pi-2)\text{cm}^2$

4. (1) $-\frac{3}{8}$ (2) $\frac{\sqrt{7}}{2}$

5. 0

6. 최댓값 3, 최솟값 -3, 주기 $\frac{2\pi}{4}=\frac{1}{2}\pi$

7. (1) $y=\tan\left(x-\frac{\pi}{2}\right)$; $y=\tan x$ 그래프를 x축 양의 방향으로 $\frac{\pi}{2}$만큼 평행이동한 것

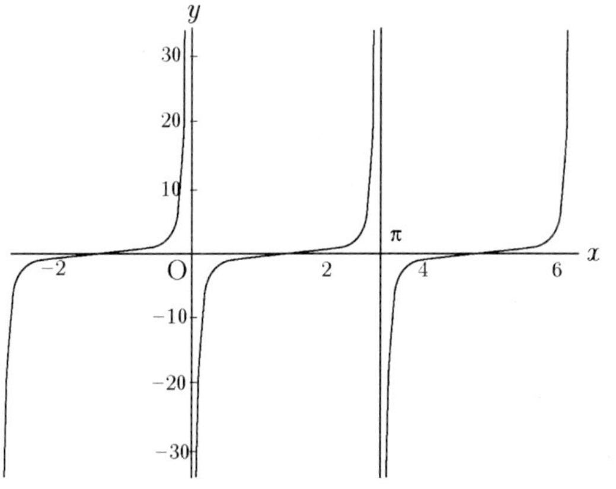

그림

(2) $y=2\sin\frac{\theta}{2}$; 최댓값 2, 최솟값 −2, 주기 $\frac{2\pi}{\left|\frac{1}{2}\right|}=4\pi$

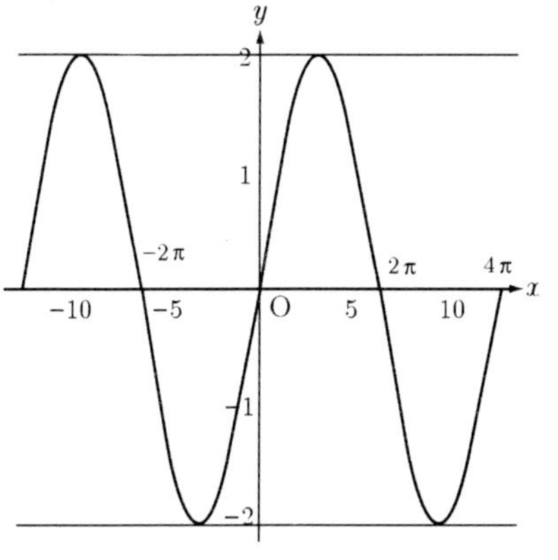

그림

8. (1) $\cos^{-1}\left(-\frac{1}{\sqrt{2}}\right)=\pi-\cos^{-1}\frac{1}{\sqrt{2}}=\pi-\frac{\pi}{4}=\frac{3}{4}\pi$

(2) $\tan^{-1}(-\sqrt{3})=-\tan^{-1}\sqrt{3}=-\frac{\pi}{3}$

(3) $\frac{\pi}{6}$ (4) $\frac{1}{2}$ (5) $-\sqrt{3}$ (6) $\frac{2}{\sqrt{4+x^2}}$

(7) 0 (8) $\frac{\pi}{2}$ (9) 1

9. $0 \le \cos^{-1}x \le \frac{\pi}{2}$ 인 경우는 왼편 그림과 같다.

$\therefore\ \sin(\cos^{-1}x) = \sqrt{1-x^2}$ 이다.

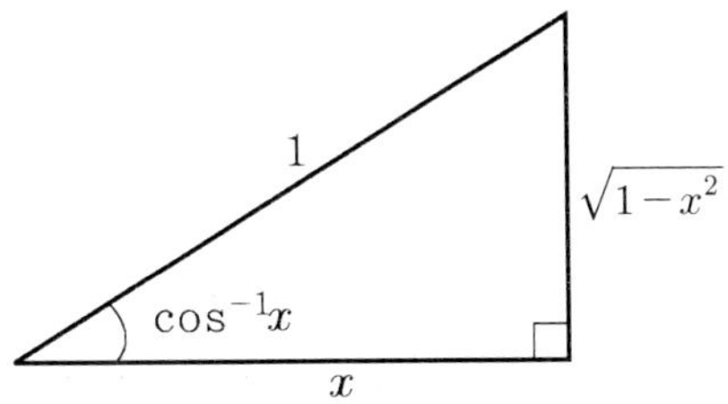

그림

6. 연습문제 6.2

1. (1) 2

(2) $x = \sqrt[3]{3} - \frac{1}{\sqrt[3]{3}}$ 의 양변을 세제곱하면 $x^3 = \frac{8}{3} - 3(3^{\frac{1}{3}} - 3^{-\frac{1}{3}}) = \frac{8}{3} - 3x$

$\therefore\ x^3 + 3x = \frac{8}{3} \quad \therefore\ 2x^3 + 6x = 2 \times \frac{8}{3} = \frac{16}{3}$

2. (1) $a + \frac{1}{a}$ (2) 4

3. (1) $a^{\frac{2}{3}}$ (2) $a^{-\frac{2}{3}}$ (3) $a^{-\frac{2}{5}}$

4. $\frac{1}{6}$

5. 3, $\frac{1}{3}$

6. $y = 2^x$ 의 그래프를 y축에 대칭시킨 후, x 방향으로 1, y 방향으로 2만큼 평행이동

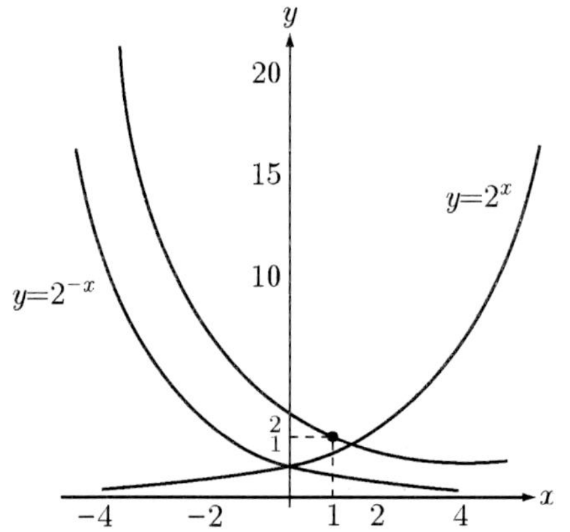

그림

7. (1) 밑 변환 공식 $\log_a x = \dfrac{\log_c x}{\log_c a}(c \neq 1,\ c > 0)$을 이용

$$\ln 3 \cdot \frac{\ln 5}{\ln 3} \cdot \frac{\ln 8}{\ln 5} = \ln 8$$

(2) 1

8. (1) $y = \ln x$의 그래프를 x축에 대하여 대칭이동 한 것

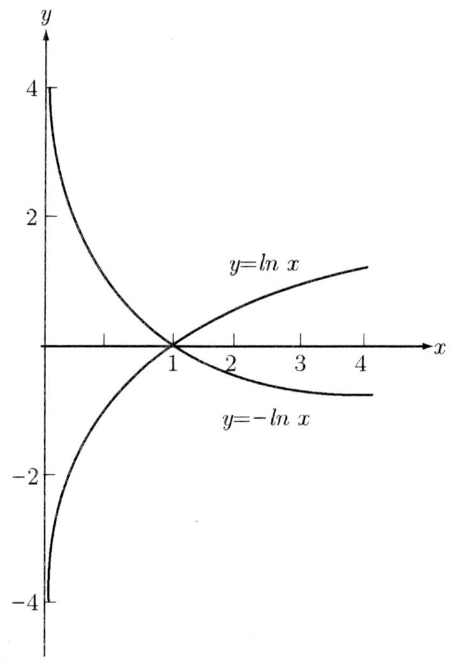

그림

(2) $y=\ln 2x=\ln 2+\ln x$ 이므로 $y=\ln x$ 의 그래프를 y축으로 양의 방향으로 $\ln 2$만큼 평행이동 한 것.

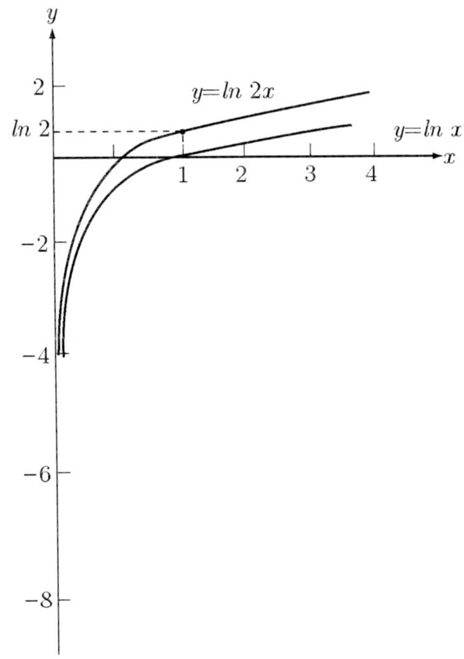

그림

9. $y=\ln(x+\sqrt{x^2-1})$($x\geq 1$이므로 $y\geq 0$) $\Leftrightarrow$ $\therefore\ e^y-x=\sqrt{x^2-1}$

양변을 제곱하면 $e^{2y}-2e^yx+x^2=x^2-1$ $\quad\therefore\ 2e^yx=e^{2y}+1$

$\therefore\ x=\dfrac{e^{2y}+1}{2e^y}=\dfrac{1}{2}e^y+\dfrac{1}{2}e^{-y}=\dfrac{1}{2}(e^y+e^{-y})$, (단, $y\geq 0$)

x, y를 서로 바꾸면, $y=\dfrac{1}{2}(e^x+e^{-x})$, $(x\geq 0)$

7. 연습문제 7.1

1. (1)

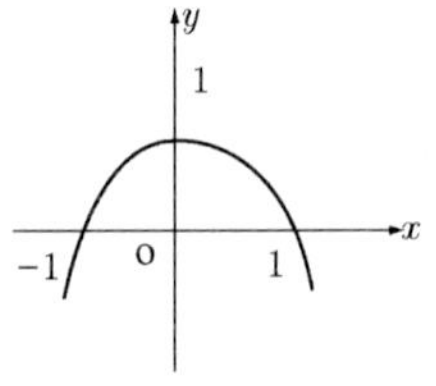

(2) $\frac{0-1}{1-0}=-1$　　(3) -2　　(4) $y=-2(x-1)=-2x+2$

2. 그래프

점 $P(1,\ 1)$에서의 접선의 기울기 : -1

점 $Q(-1,\ -1)$에서의 접선의 기울기 : 1

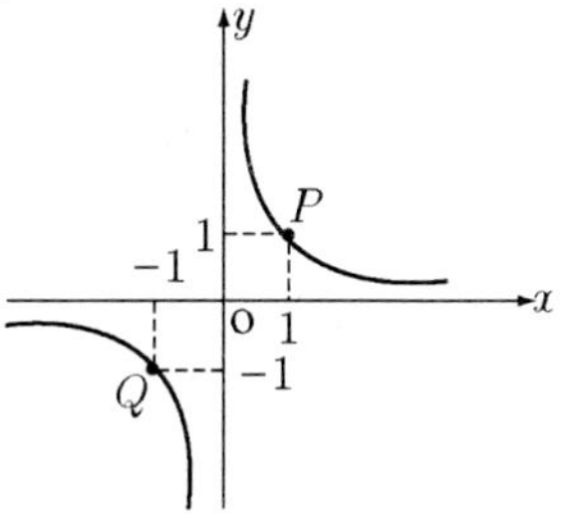

3. 생략

4. (1) $\frac{(3^2+3)-(2^2+2)}{3-2}=6$

(2) 변화율 : $\lim_{h\to 0}\frac{\{(t+h)^2+(t+h)\}-(t^2+t)}{h}$

$=2t+1$

$\therefore\ t=2$에서의 변화율은 5

5. (5) 기울기 : $\left.\frac{1}{2\sqrt{a+1}}\right|_{a=8}=\frac{1}{6}$

점(8, 3)에서의 접선의 방정식 : $y=\frac{1}{6}(x-8)+3=\frac{1}{6}x+\frac{5}{3}$

7. 연습문제 7.2

1. (1) 0　　(2) $\frac{1}{\sqrt{3}}$　　(3) $-\frac{5}{16}$　　(4) 0

(5) i) $x\ge 0$ 일 때, $f(x)=x+x=2x$에 대하여 풀이, $f(1)=2$

ii) $x<0$ 일 때, $f(x)=x-x=0$　$\therefore\ f'(1)=0$

(6) $f'(x)=\lim_{h\to0}\frac{\sqrt{x+h+1}-\sqrt{x+1}}{h}$

$=\lim_{h\to0}\frac{(x+h+1)-(x+1)}{h(\sqrt{x+h+1}-\sqrt{x+1})}=\frac{1}{2\sqrt{x+1}}$

$\therefore\ f'(1)=\frac{1}{2\sqrt{2}}$

2. (1) $y=18(x-3)+27$ (3) $y=0$ (5) $y=\frac{1}{6}(x-8)+3$

3. (1) $8x$ (2) 8

4. (1) $-\frac{5}{x^2}$ (2) $-\frac{5}{4}$ (3) $\frac{10}{x^3}$ (4) 10

7. 연습문제 7.3

1. (3) 0 (π : 상수)

(5) $y'=24x^{-9}$

(7) $y'=-3x^{-4}-7\times\frac{1}{x^8}$

(10) $y'=\left(\frac{1}{x}-\frac{1}{x^2}\right)'(3x^8+27)+\left(\frac{1}{x}-\frac{1}{x^2}\right)(3x^8+27)'$

$=\left(-\frac{1}{x^2}+\frac{2}{x^3}\right)(3x^8+27)+\left(\frac{1}{x}-\frac{1}{x^2}\right)\times24x^7$

(14) $y'=\frac{(x^2+1)'\times3x-(x^2+1)\times(3x)'}{9x^2}=\frac{x^2-1}{3x^2}$

2. $y'=\frac{-2}{(1+x)^2}$, 점 P에서의 접선의 기울기 : $-\frac{2}{9}$

$\therefore$ 접선의 방정식 : $y=-\frac{2}{9}(x-2)-\frac{1}{3}$

3. $y'|_{x=1} = 2ax - b|_{x=1} = 2a - b = 8$ ①

주어진 조건의 점(1, 5)로부터 $5 = a - b$ ②

①, ②의 연립방정식을 풀어서 $a = 3,\ b = -2$

4. 점 $P(a,\ a^2 + k)$에서의 접선의 방정식이 $y = 2x$가 된다고 하자.

$y'|_{x=a} = 2x|_{x=a} = 2a \quad \therefore\ y = 2a(x-a) + (a^2 + k) = 2ax - a^2 + k$

조건에서 $2ax - a^2 + k = 2x$가 되려면

$a = 1,\ -a^2 + k = 0$이어야 한다.

$\therefore\ k = 1$

5. $y' = \dfrac{-4x^2 + 4}{(x^2+1)^2}$

점(0, 0)에서의 접선의 방정식 : $y = 4x$

점(1, 2)에서의 접선의 방정식 : $y = 2$

7. 연습문제 7.4

1. (1) 2 (2) $\frac{1}{4}$ (3) 2 (4) $\frac{3}{11}$ (5) $\frac{5}{7}$

(6) $-\frac{2}{3}$ (7) 0 (8) 0 (9) ∞ (10) -3

2. $\lim_{x\to\infty}\frac{1}{x} = 0$임을 이용한다. 식의 분모분자를 $\sqrt{x}$로 나눈다.

곧, $\lim_{x\to\infty}\dfrac{\sqrt{9+\frac{1}{x}}}{\sqrt{1+\frac{1}{x}}} = \sqrt{9} = 3$이 된다.

3. (1)의 경우는 부정형($\frac{0}{0}$형, $\frac{\infty}{\infty}$형)이 아니다. 따라서 로피탈의 공식을 쓸 수 없다. 따라서 (2)와 같이 풀이해야 한다.

4. (1) $x \neq 0$일 때, $f'(x)=1$이고 $g'(x)=1$이므로

$$\lim_{x\to 0}\frac{f'(x)}{g'(x)}=\lim_{x\to 0}\frac{1}{1}=1$$

(여기에서 $\lim\limits_{x\to 0}$의 뜻은 x가 0에 지극히 가까이 접근함을 뜻하며, $x=0$임을 의미하는 것은 아니다)

(2) $\lim\limits_{x\to 0}\dfrac{f(x)}{g(x)}=\lim\limits_{x\to 0}\dfrac{x+2}{x+1}=2$

(3) 조건의 두 함수 $f(x)$, $g(x)$는 $x=0$에서 불연속(미분 불가능)이므로 로피탈의 공식이 성립할 조건에 어긋난다. 따라서 위 풀이는 로피탈의 공식과는 관련이 없다.

8. 연습문제 8.1

1. (1) (준식)

$$\begin{aligned}
&= \frac{n!}{(n-r)!}-r\times\frac{(n-1)!}{\{(n-1)-(r-1)\}!}\\
&= \frac{n(n-1)!}{(n-r)!}-r\times\frac{(n-1)!}{(n-r)!}\\
&= \frac{(n-1)!(n-r)}{(n-r)!}\\
&= \frac{(n-1)!}{(n-r-1)!}\\
&= \frac{(n-1)!}{((n-1)-r)!}\\
&= {}_{n-1}P_r
\end{aligned}$$

(2) (준식)

$$\begin{aligned}
&= \frac{n!}{(n-m)!}\times\frac{(n-m)!}{\{(n-m)-(r-m)\}!}\\
&= \frac{n!}{(n-r)!}\\
&= {}_nP_r
\end{aligned}$$

2. $7!-5!\times 3!=4320$

3. $3^4+3^3+3^2+3=120$

4. (1) ${}_5C_3 \times {}_4C_2 \times 5! = 60 \times 120 = 7200$

   (2) $60 \times (5-1)! = 60 \times 24 = 1440$

   (3) ${}_4C_2 \times {}_3C_1 \times (4-1)! \times 2! = 216$

5. (1) ${}_4H_{10} = {}_{13}C_{10} = 286$

   (2) $x \geq 1,\ \ y \geq 1,\ \ z \geq 1,\ \ u \geq 1$이므로 $x-1=X,\ \ y-1=Y,\ \ z-1=Z,$ $u-1=U$로 놓으면 준식은 $(X+1)+(Y+1)+(Z+1)+(U+1)=10$이 되고, 여기에서 음이 아닌 정수해의 가지수를 구하면 된다.
   즉, ${}_4H_6 = {}_9C_6 = 84$

6. ${}_nC_2 = 1275$로부터 $n=51$

7. 미분 전 x^3의 계수를 구한다. 즉, ${}_9C_r x^{9-r}(2x^{-1})^r = {}_9C_r 2^r \cdot x^{9-2r}$.
   $9-2r=3 \ \therefore\ r=3$ 따라서 미분하기 전 x^3의 계수는 ${}_9C_3 \cdot 2^3 = 672$.
   그러므로 미분 후 x^2의 계수는 $672 \times 3 = 2016$이다.

8. ${}_6C_r (x^2)^{6-r}\left(-\dfrac{a}{x}\right)^r = {}_6C_r(-a)^r x^{12-3r},\ 12-3r=-3 \ \therefore\ r=5$
   이 때 $\dfrac{1}{x^3}$의 계수는 ${}_6C_5(-a)^5 = -6a^5 \ \therefore\ -6a^5 = -192 \ \therefore\ a=2$

9. $\displaystyle\sum_{k=0}^{n} 2^k f(k) = \sum_{k=0}^{n} 2^k \cdot \sum_{k=0}^{n} {}_nC_k 3^{n-k}4^k = \left(\sum_{k=0}^{n} 2^k\right) \cdot (3+4)^n = (2^{n+1}-1) \cdot 7^n$

8. 연습문제 8.2

1. $\dfrac{{}_3C_2 \times {}_7C_3}{{}_{10}C_5} = \dfrac{105}{252} = \dfrac{5}{12}$

2. 남자 x명, 여자 $36-x$명 ; $\dfrac{{}_xC_2 + {}_{36-x}C_2}{{}_{36}C_2} = \dfrac{1}{2}$

$$\frac{x(x-1)+(36-x)(35-x)}{36\times35}=\frac{1}{2}$$

$\therefore\ x=15,\ 21$

$\therefore$ 남녀의 차는 $21-15=6$

3. $\dfrac{{}_7C_2+{}_7C_3}{{}_9C_4}=\dfrac{56}{126}=\dfrac{4}{9}$

$\left(\begin{array}{l}{}_7C_2 \text{ : 특정 2인이 4명 조에 들어가는 경우의 수} \\ {}_7C_3 \text{ : 특정 2인이 5명 조에 들어가는 경우의 수}\end{array}\right)$

4. 일어날 수 있는 모든 경우의 수는 $6\times6\times6=6^3$(가지)이다.

(1) $\dfrac{3^3}{6^3}=\dfrac{1}{8}$

(2) $\dfrac{6}{6^3}=\dfrac{1}{36}$

(3) $\dfrac{{}_3C_2\times6\times5}{6^3}=\dfrac{5}{12}$

(4) 나오는 눈의 최소값이 5인 경우는 최소값이 5 또는 6인 경우에서 (6, 6, 6)인 경우를 제외한 2×2×2−1가지이다.

$\therefore\ \dfrac{7}{6^3}=\dfrac{7}{216}$

5. 세 개의 제품이 모두 불량품일 사건을 A라고 하면

$$P(A)=\frac{{}_3C_3}{{}_8C_3}=\frac{1}{56}$$

두 개의 제품이 불량품이고 한 개의 제품이 정품일 사건을 B라고 하면

$$P(B)=\frac{{}_3C_2\times{}_5C_1}{{}_8C_3}=\frac{15}{56}$$

두 사건 A와 B는 서로 배반사건이므로, 두 개 이상이 불량품이 나올 확률은

$$P(A\cup B)=P(A)+P(B)=\frac{1}{56}+\frac{15}{56}=\frac{2}{7}$$

6. 소수의 눈이 나오는 사건을 A, 짝수의 눈이 나오는 사건을 B라고 하면

$A=\{2,\ 3,\ 5\}$, $B=\{2,\ 4,\ 6\}$, $A\cap B=\{2\}$

따라서, 구하는 확률은 사건 A가 일어났을 때의 사건 B의 조건부 확률이므로

$$P(B|A)=\frac{P(A\cap B)}{P(A)}=\frac{\frac{1}{6}}{\frac{1}{2}}=\frac{1}{3}$$

7. 원탁에 앉는 모든 경우의 수는 $(6-1)!$가지이다.
이 중 A, B가 인접하는 경우의 수는 $(5-1)!\times 2!$가지이므로

$$1-\frac{(5-1)!\times 2!}{(6-1)!}=1-\frac{2}{5}=\frac{3}{5}$$

8. 계수 a, b를 정하는 모든 경우의 수는 $6\times 6=36$이다. 이 중에서 허근을 갖는 경우는 a, b가 $D=a^2-b<0$ 곧, $a^2<b$를 만족시키는 경우이므로
$a=1$일 때 $b=2,\ 3,\ 4,\ 5,\ 6$(5가지)
$a=2$일 때 $b=5,\ 6$(2가지)
따라서 허근을 가질 확률은 $\frac{5+2}{36}=\frac{7}{36}$이므로 실근을 가질 확률은

$$1-\frac{7}{36}=\frac{29}{36}$$

9. A가 당첨제비를 뽑는 사건을 A, B가 당첨제비를 뽑는 사건을 B라 하자.
그러면 $P(A)=\frac{3}{10}$,

$$\begin{aligned}P(B)&=P(A\cap B)+P(A^c\cap B)\\&=P(A)\cdot P(B|A)+P(A^c)\cdot P(B|A^c)\\&=\frac{3}{10}\times\frac{2}{9}+\frac{7}{10}\times\frac{3}{9}\\&=\frac{6}{90}+\frac{21}{90}=\frac{3}{10}\end{aligned}$$

10. (1) A에서 빨간 공이 나오는 사건과 B에서 빨간 공이 나오는 사건은 독립사건이다.

$$\therefore\ P(A\cap B)=P(A)\cdot P(B)=\frac{{}_5C_1}{{}_8C_1}\times\frac{{}_4C_1}{{}_{10}C_1}=\frac{5}{8}\times\frac{4}{10}=\frac{1}{4}$$

(2) A에서 빨간 공을 꺼내어 B에 넣은 다음 B에서 꺼낸 공이 빨간 공일 확률을 P_1,
A에서 흰공을 꺼내어 B에 넣은 다음 B에서 꺼낸 공이 빨간 공일 확률을 P_2

$$P_1 = \frac{{}_5C_1}{{}_8C_1} \times \frac{{}_5C_1}{{}_{11}C_1} = \frac{25}{88},\ P_2 = \frac{{}_3C_1}{{}_8C_1} \times \frac{{}_4C_1}{{}_{11}C_1} = \frac{12}{88}$$

위 두 사건은 서로 배반사건이므로 구하는 확률은 $P_1 + P_2 = \frac{25}{88} + \frac{12}{88} = \frac{37}{88}$

11. 기계 A, 기계 B의 제품일 사건을 각각 A, B라 하고, 불량품일 사건을 E라 하면

$$P(A \cap E) = P(A) \cdot P(E|A) = 0.4 \times 0.05 = 0.020$$

$$P(B \cap E) = P(B) \cdot P(E|B) = 0.6 \times 0.03 = 0.018$$

$$\therefore\ P(E) = P(A \cap E) + P(B \cap E) = 0.020 + 0.018 = 0.038$$

$$\therefore\ P(A|E) = \frac{P(A \cap E)}{P(E)} = \frac{0.020}{0.038} = \frac{10}{19}$$

12.

짝수의 횟수	0	1	2	3	4	5	6	7	8	9	10
홀수의 횟수	10	9	8	7	6	5	4	3	2	1	0
Q의 위치	-10	-8	-6	-4	-2	0	2	4	6	8	10

(1) 10회 중 짝수가 5회 나올 확률이므로 구하는 확률

$$P_5 = {}_{10}C_5\left(\frac{1}{2}\right)^5\left(\frac{1}{2}\right)^{10-5} = \frac{63}{256}$$

(2) 10회 중 짝수가 4, 5, 6회 나올 때의 확률이므로

$$P_4 + P_5 + P_6 = {}_{10}C_4\left(\frac{1}{2}\right)^4\left(\frac{1}{2}\right)^6 + {}_{10}C_5\left(\frac{1}{2}\right)^5\left(\frac{1}{2}\right)^5 + {}_{10}C_6\left(\frac{1}{2}\right)^6\left(\frac{1}{2}\right)^4$$

$$= \frac{210 + 252 + 210}{2^{10}} = \frac{21}{32}$$

13. A로 나오는 통로는 3개 있으므로 $\frac{1}{2} \times \frac{1}{2} \times \frac{1}{2} \times 3 = \frac{3}{8}$

8. 연습문제 8.3

1. $\sum_{i=1}^{n} f_i = N$이라 하면 $\overline{x} = \dfrac{\sum_{i=1}^{n} x_i f_i}{N}$

따라서 $\sum_{i=1}^{n} (x_i - \overline{x}_i) f_i = \sum_{i=1}^{n} x_i f_i - \overline{x} \sum_{i=1}^{n} f_i$

$= N\overline{x} - \overline{x}N = 0$

2. 51.2(kg)

3. 카드 총 수는 $\dfrac{n(n+1)}{2}$, 카드에 적힌 번호의 총합은

$1 + (2+2) + (3+3+3) + \cdots + \overbrace{(n+n+\cdots+n)}^{n\text{개}}$

$= 1^2 + 2^2 + 3^2 + \cdots + n^2 = \dfrac{n(n+1)(2n+1)}{6}$

$\therefore$ 평균 $= \dfrac{1}{\dfrac{n(n+1)}{2}} \cdot \dfrac{n(n+1)(2n+1)}{6}$

$= \dfrac{2n+1}{3}$

4. $\sum_{i=1}^{10} x_i = 10$, 평균$(\overline{x}) = \dfrac{1}{10} \sum_{i=1}^{10} x_i = \dfrac{1}{10} \times 10 = 1$

$\sigma^2 = \dfrac{1}{10} \sum_{i=1}^{10} x_i^2 - \overline{x}^2 = \dfrac{1}{10} \times 170 - 1^2 = 16$

$\therefore\ \sigma = 4$

5. 구하는 평균을 m이라 하자.

$m = \dfrac{1}{n} \sum_{i=1}^{n} 2x_i^2 = 2 \cdot \dfrac{1}{n} \sum_{i=1}^{n} x_i^2 = 2 \times 194 = 388$

(변량 x_1, x_2, $\cdots$, x_n의 평균을 $\overline{x}$, 표준편차 σ라 하면

조건으로부터 $\sigma^2 = \frac{1}{n}\sum_{i=1}^{n} x_i^2 - \overline{x}^2$

즉, $5^2 = \frac{1}{n}\sum_{i=1}^{n} x_i^2 - 13^2 \quad \therefore \frac{1}{n}\sum_{i=1}^{n} x_i^2 = 194$)

6. 평균($\overline{x}$)≒145
표준편차(σ)≒ $\sqrt{71}$

7. 평균($\overline{x}$)=가평균(x_0)+ $\frac{1}{70}\sum_{i=1}^{70}(x_i - x_0) = 90 + \frac{1}{70} \times 728 = 90 + 10.4 = 100.4$

8. 변량 x_i들의 평균을 $\overline{x}$, 표준편차를 σ,
$2x_1$, $2x_2$, $\cdots$, $2x_n$의 표준편차를 σ', 평균을 $\overline{x}'$라 하면

$$\overline{x}' = \frac{1}{n}\sum_{i=1}^{n} 2x_i = 2 \cdot \frac{1}{n}\sum_{i=1}^{n} x_i = 2\overline{x}$$

$$\begin{aligned}\therefore (\sigma')^2 &= \frac{1}{n}\sum_{i=1}^{n}(2x_i - \overline{x}')^2 \\ &= \frac{1}{n}\sum_{i=1}^{n}(2x_i - 2\overline{x})^2 \\ &= 4 \cdot \frac{1}{n}\sum_{i=1}^{n}(x_i - \overline{x})^2 \\ &= 4\sigma^2\end{aligned}$$

∴ 구하는 표준편차는 $\sigma' = 2\sigma$이다.

9. $$\begin{aligned}\sigma^2 &= \frac{1}{n}\sum_{i-1}^{2} x_i^2 \cdot f_i - \overline{x}^2 \\ &= \frac{1}{10}(4900 \times 6 + 6400 \times 4) - 74^2 = 24\end{aligned}$$

8. 연습문제 8.4

1. (1) $P(X = 2) = 0.3$

(2) $P(X=2$ 또는 $X=4)=P(X=2)+P(X=4)=0.3+0.1=0.4$

(3) $P(2 \le X \le 4)=P(X=2)+P(X=3)+P(X=4)=0.3+0.25+0.1=0.65$

(4) $P(X \ge 1)=1-P(X=0)=1-0.1=0.9$

2.

X	1000	500	200	0	합계
$P(X)$	0.1	0.2	0.3	0.4	1

$\therefore\ E(X)=1000\times0.1+500\times0.2+200\times0.3+0\times0.4=260$(원)

3. 두 경우로 풀이할 수 있다.

(경우 1)

x_i	1	0	합계
f_i	600	400	1000

평균$(\bar{x})=\dfrac{1}{N}\displaystyle\sum_{i=1}^{n}x_if_i=\dfrac{1}{1000}(1\times600+0\times400)=0.6$

분산$(\sigma^2)=\dfrac{1}{N}\displaystyle\sum_{i=1}^{n}x_i^2f_i-(\bar{x})^2=\dfrac{1}{1000}(1^2\times600+0^2\times400)-(0.6)^2=0.24$

(경우 2)

X	1	0	합계
$P(X)$	$\dfrac{600}{1000}$	$\dfrac{400}{1000}$	1

평균 $E(X)=\displaystyle\sum_{i=1}^{n}x_iP_i=1\times\dfrac{600}{1000}+0\times\dfrac{400}{1000}=0.6$

분산 $V(X)=\displaystyle\sum_{i=1}^{n}x_i^2P_i-E(X)^2=1^2\times\dfrac{600}{1000}+0^2\times\dfrac{400}{1000}-(0.6)^2=0.24$

4. (1) $E(X)=1\times0.1+2\times0.2+3\times0.4+4\times0.3=2.9$

$E(X^2)=1^2\times0.1+2^2\times0.2+3^2\times0.4+4^2\times0.3=9.3$

$V(X)=E(X^2)-E(X)^2=9.3-(2.9)^2=0.89$

(2) $E(Y)=E(-2X+1)=-2E(X)+1=-2\times2.9+1=-4.8$

$V(Y)=V(-2X+1)=(-2)^2V(X)=4\times0.89=3.56$

5. $Y=aX+b$에서 $E(Y)=E(aX+b)=aE(X)+b=540a+b$

$V(Y)=V(aX+b)=a^2V(X)=8100a^2$

주어진 조건에서 $E(Y)=50$, $V(Y)=100$ $\therefore$ $540a+b=50$

$8100a^2=100$이고 $a>0$이므로

$\therefore$ $a=\frac{1}{9}$, $b=-10$

6. X는 이항분포 $B\left(9,\ \frac{1}{3}\right)$을 따르므로 $E(X)=9\times\frac{1}{3}=3$

$\therefore$ $E(3X+2)=3E(X)+2=3\times3+2=11$(원)

7. X는 이항분포 $B(12,\ p)$를 따르므로 $P(X=r)={}_{12}C_0 p^r(1-p)^{12-r}$

문제의 조건에서 ${}_{12}C_1 p(1-p)^{11}=12\times{}_{2}C_0\,p^0(1-p)^{12}$

$\therefore$ $p=1-p$ $\therefore$ $p=\frac{1}{2}$

$\therefore$ $P(X=2)={}_{12}C_2\left(\frac{1}{2}\right)^2\left(\frac{1}{2}\right)^{10}=66\times\frac{1}{2^{12}}=\frac{33}{2048}$

8. X는 이항분포 $B(n,\ p)$를 따르므로 문제의 조건에서

$np=0.95$　　$np(1-p)=(0.95)^2$

$\therefore$ $0.95(1-p)=(0.95)^2$ $\therefore$ $p=0.05$ $\therefore$ $n=19$

9.

X	2	3	…	10
$P(X)$	$\frac{1}{{}_{10}C_2}$	$\frac{2}{{}_{10}C_2}$	…	$\frac{9}{{}_{10}C_2}$

즉, $P(X=k)=\frac{k-1}{{}_{10}C_2}$ (단, $k=2,\ 3,\ \cdots,\ 10$)

$\therefore$ $E(X)=\sum_{k=2}^{10}k\cdot\frac{k-1}{{}_{10}C_2}=\frac{1}{45}\sum_{k=2}^{10}(k^2-k)=\frac{1}{45}\sum_{k=1}^{10}(k^2-k)$ ($k=1$일 때 0)

$=\frac{1}{45}\left(\frac{10\times11\times21}{6}-\frac{10\times11}{2}\right)=\frac{22}{3}$

10.

X	0	10	100	110	합계
$P(X)$	$\frac{1}{4}$	$\frac{1}{4}$	$\frac{1}{4}$	$\frac{1}{4}$	1

$$E(X)=0\cdot\frac{1}{4}+10\cdot\frac{1}{4}+100\cdot\frac{1}{4}+110\cdot\frac{1}{4}=55$$

$$V(X)=0^2\cdot\frac{1}{4}+10^2\cdot\frac{1}{4}+100^2\cdot\frac{1}{4}+110^2\cdot\frac{1}{4}-55^2=2525$$

11. $E(X)=0\times y+2\times\frac{1}{4}+3\times x=3x+\frac{1}{2}$

$V(X)=0^2\times y+2^2\times\frac{1}{4}+3^2\times x-\left(3x+\frac{1}{2}\right)^2=-9\left(x-\frac{1}{3}\right)^2+\frac{7}{4}$

$\therefore$ X의 분산 $V(X)$를 최대로 하는 값은 $x=\frac{1}{3}$, $y=\frac{5}{12}$이다.

8. 연습문제 8.5

1. (1) $P(0\le X\le 1)=\frac{1}{2}\times 1\times\frac{1}{2}=\frac{1}{4}$

(2) $P(1\le X\le 2)=\frac{1}{2}\left(1+\frac{1}{2}\right)\times 1=\frac{3}{4}$

(3) $P(X\ge 1.2)=\frac{1}{2}(0.6+1)\times 0.8=0.64$

2. 평균 $E(X)=\int_0^1 xf(x)dx=\int_0^1 3x^3dx=\left[\frac{3}{4}x^4\right]_0^1=\frac{3}{4}$

분산 $V(X)=\int_0^1 x^2f(x)dx-m^2=\int_0^1 3x^4dx-\left(\frac{3}{4}\right)^2=\left[\frac{3}{5}x^5\right]_0^1-\frac{9}{16}=\frac{3}{80}$

3. (1) $\int_0^4 f(x)dx=1$이 되어야 하므로 $2\int_0^2\frac{k}{2}xdx=1$ $\therefore$ $k=\frac{1}{2}$

(2) 확률밀도함수 $f(x)=\begin{cases}\frac{1}{4}x & (0\le x\le 2)\\ -\frac{1}{4}x+1 & (2<x\le 4)\\ 0 & (x<0 \text{ 또는 } x>4)\end{cases}$ 이므로

평균 $E(X)=\int_0^4 xf(x)dx=\int_0^2\frac{1}{4}x^2dx+\int_2^4\left(-\frac{1}{4}x^2+x\right)dx=2$

분산 $V(X)=\int_0^4 x^2 f(x)dx - m^2 = \int_0^2 \frac{1}{4}x^3 dx + \int_2^4\left(-\frac{1}{4}x^3 + x^2\right)dx - 2^2 = \frac{2}{3}$

$\therefore$ 표준편차 $\sigma(x)=\sqrt{\frac{2}{3}}=\frac{\sqrt{6}}{3}$

4. 확률변수 X를 표준정규분포의 확률변수 Z로 바꾼다.

(1) $X=70$일 때, $Z=\frac{X-m}{\sigma}=\frac{70-70}{3}=0$

$X=76$일 때, $Z=\frac{76-70}{3}=2$

$\therefore\ P(70 \le X \le 76)=P(0 \le Z \le 2)=0.4772$

(2) $P(67 \le X \le 73)=P(-1 \le Z \le 1)=2P(0 \le Z \le 1)=2\times 0.3413=0.6826$

5. $Z=\frac{X-5}{1.2}$로부터

$P(5-1.2k \le X \le 5+1.2k)=P(-k \le Z \le k)=2P(0 \le Z \le k)=0.497$

$\therefore\ P(0 \le Z \le k)=0.2485$

$\therefore\ k \fallingdotseq 0.67$(표준정규분포표를 이용)

6. 100번의 페널티킥에서 성공하는 횟수를 X라 하면 X는 이항분포 $B(100,\ 0.8)$을 따르므로 $E(X)=np=100\times 0.8=80$, $V(X)=npq=100\times 0.8\times 0.2=16$

그런데 여기에서 100은 충분히 큰 수로 보아, X는 근사적으로 정규분포 $N(80,\ 4^2)$을 따른다고 볼 수 있다. $Z=\frac{X-80}{4}$으로 표준화 하면

$P(X>90)=P(Z \ge 2.5)=0.5-P(0 \le Z \le 2.5)=0.5-0.4938=0.0062$

7. 한 사람이 두 문장을 모두 맞출 확률은 $\frac{1}{10}\left(=\frac{1}{{}_5C_2}\right)$, 1600명 중 두 문장을 모두 맞춘 사람의 수를 확률변수 X라 하면 X는 이항분포 $B\left(1600,\ \frac{1}{10}\right)$을 따른다.

$\therefore$ 평균 $E(X)=1600\times\frac{1}{10}=160$, 분산 $V(X)=1600\times\frac{1}{10}\times\frac{9}{10}=12^2$

그런데 여기에서 1600은 충분히 큰 수로 볼 수 있고, 따라서 이 이항분포는 정규분포 $N(160,\ 12^2)$과 같다고 볼 수 있다. $Z=\frac{X-160}{12}$으로 표준화하면

$$P(130 \le X \le 175) = P(-2.5 \le Z \le 1.25)$$
$$= P(0 \le Z \le 2.5) + P(0 \le Z \le 1.25)$$
$$= 0.4938 + 0.3944 = 0.8882$$

8. 연습문제 8.6

1. $P(\overline{X} \ge 45) = P\left(Z \ge \dfrac{45-50}{\frac{10}{4}}\right) = P(Z \ge -2)$

$$= P(0 \le Z \le 2) + P(Z \ge 0) = 0.4772 + 0.5 = 0.9772$$

2. $E(\overline{X}) = 5200,\ \sigma(\overline{X}) = \dfrac{400}{\sqrt{100}} = 40$ 이므로

$$P(5100 \le \overline{X} \le 5250) = P\left(\frac{5100-5200}{40} \le Z \le \frac{5250-5200}{40}\right)$$
$$= P(-2.5 \le Z \le 1.25)$$
$$= P(0 \le Z \le 2.5) + P(0 \le Z \le 1.25)$$
$$= 0.4938 + 0.3944 = 0.8882$$

3. $P(62 \le \overline{X} \le 66.5) = P\left(\dfrac{62-65}{\frac{3}{2}} \le Z \le \dfrac{66.5-65}{\frac{3}{2}}\right) = P(-2 \le Z \le 1)$

$$= P(0 \le Z \le 2) + P(0 \le Z \le 1) = 0.4772 + 0.3413 = 0.8185$$

($\overline{X}$는 $N\left(65,\ \left(\frac{3}{2}\right)^2\right)$을 따른다.)

4. $E(\overline{X}) = m,\ \sigma(\overline{X}) = \dfrac{\sigma}{\sqrt{n}}$ 이고, $V(\overline{X}) = E(\overline{X^2}) - \{E(\overline{X})\}^2$ 이므로

$$\frac{\sigma^2}{n} = E(\overline{X^2}) - m^2$$

$$\therefore\ E(\overline{X^2}) = \frac{\sigma^2}{n} + m^2$$

5. 신뢰구간은 $\left[135.2-2\dfrac{5.5}{\sqrt{100}},\ 135.2+2\dfrac{5.5}{\sqrt{100}}\right]$

즉, $134.1(\text{cm}) \le m \le 136.3(\text{cm})$

(1.96 대신 2로 계산함)

6. (1) $\left[45.2-1.96\dfrac{2.3}{\sqrt{400}},\ 45.2+1.96\dfrac{2.3}{\sqrt{400}}\right]$

즉, $44.97(\text{g}) \le m \le 45.43(\text{g})$

(2) $2\times 1.96\dfrac{2.3}{\sqrt{n}} \le 0.3$에서 $n \ge 903.2$

즉, 표본의 크기를 904 보다 크게 하면 됨

7. $\overline{X}-1.96\times\dfrac{\sigma}{\sqrt{n}} \le m \le \overline{X}+1.96\times\dfrac{\sigma}{\sqrt{n}}$ 에서

$m-1.96\times\dfrac{\sigma}{\sqrt{n}} \le \overline{X} \le m+1.96\times\dfrac{\sigma}{\sqrt{n}}$

$\therefore\ 4-1.96\times\dfrac{0.2}{\sqrt{100}} \le \overline{X} \le 4+1.96\times\dfrac{0.2}{\sqrt{100}}$

$\therefore\ 3.96 \le \overline{X} \le 4.04$

즉, $[3.96,\ 4.04]$

찾아보기

가

가설의 검정 ······ 192
가평균 ······ 152
거듭제곱의 미분 ······ 120
검사 숫자(check digits) ······ 59
고계도함수 ······ 118
곱의 미분 ······ 122
구기법 ······ 62
기대값 ······ 160

나

농도 문제 ······ 5

다

단위행렬 ······ 36
단조감소 ······ 97
단조증가 ······ 97
도서번호 ······ 60
도함수 ······ 113
독립시행의 정리 ······ 147

라

라디안 ······ 74
로그의 성질 ······ 99
로그함수 ······ 98
로피탈의 공식 ······ 126

마

모수 ······ 187
모평균 ······ 186
몫의 미분 ······ 123
문장제 ······ 5
미분가능 ······ 113
미분가능성 ······ 117
밑 변환 공식 ······ 101

바

변화율 ······ 109
부정형 ······ 126, 129
분산 ······ 153

사

사건 ······ 141
산포도 ······ 153
삼각함수 ······ 76
삼각함수의 그래프 ······ 79
삼각함수의 기본 성질 ······ 77
삼차방정식의 <근의 공식> ······ 26
상수곱의 미분 ······ 121
상수함수의 도함수 ······ 120
소행렬식 ······ 40
순열 ······ 133
시행 ······ 141
신뢰도 ······ 188

아

여인수 ······ 40
역삼각함수 ······ 84

역행렬 ········· 37
연립부등식 ········· 16
연립일차합동식 ········· 67
연속확률변수 ········· 172
완전제곱식 ········· 12
우도함수 ········· 116
원순열 ········· 135
음의 정수 지수의 미분 ········· 124
이산확률변수 ········· 158
이차방정식 ········· 9
이차방정식의 <근의 공식> ········· 11
이차방정식의 판별식 ········· 13
이차부등식 ········· 15
이항분포 ········· 164
이항정리 ········· 138
인수정리 ········· 22
일차부등식 ········· 3
일차합동식 ········· 64

| 자 |

자연로그 ········· 102
전치행렬 ········· 43
절대값 기호 ········· 1
접선의 기울기 ········· 110
접선의 방정식 ········· 110
정규분포 ········· 176
정규분포곡선의 성질 ········· 178
정방행렬 ········· 35
정수의 합동 ········· 53
정칙행렬 ········· 37
조건부확률 ········· 145
조립제법 ········· 23
조합 ········· 137
좌도함수 ········· 116
주기 ········· 79
중국인의 나머지 정리 ········· 63
중복순열 ········· 136
중복조합 ········· 138
지수법칙 ········· 93
지수함수 ········· 93

| 차 |

추정 ········· 187

| 카 |

카르다노(Cardano) ········· 26
코시(cauchy)의 평균값정리 ········· 127
크라머(Cramer)의 법칙 ········· 46
큰 수의 법칙 ········· 166

| 파 |

파스칼의 삼각형 ········· 139
평균 ········· 151
평균변화율 ········· 107
표본 ········· 185
표본공간 ········· 141
표본평균 ········· 186
표준정규분포표 ········· 179
표준편차 ········· 152

| 하 |

합과 차의 미분 ········· 121
합동식의 응용 ········· 56
합동의 기본 성질 ········· 54
행렬(matrix) ········· 35
행렬식 ········· 39

행렬식의 기본 성질 ························ 42
호도법 ························ 73
확률 ························ 141
확률밀도함수 ························ 172
확률변수 ························ 158
확률분포 ························ 158
확률의 기본성질 ························ 143

| 기타 |

Sarrus의 방법 ························ 40

저자 소개

길 병 문

현재 선문대학교 수학과 교수
제7차 교육과정 고등학교 교과서 심의위원

PRECALCULUS
대학기초수학

2012년 2월 25일 초판 1쇄 발행

저 자 / 길병문
발행자 / 오판근
발행처 / 교우사

주 소 / 서울 동대문구 약령시로 8 교우빌딩 2층
전 화 / 925-2861~2, 편집부 / 925-2825
팩 스 / 925-2860

E-mail / kyowoo@kyowoo.co.kr
http://www.kyowoo.co.kr

등록 / 1994. 3. 24 제6-0256호

ISBN 978-89-8172-916-5 (93410)

값 14,000 원